스키니껄의
가벼운
요리

Skinny girl's

스키니걸의

가벼운

요리

Secret Recipe

최정민 글·요리

C 청림Life

들어가며○○○

" 스키니걸이 되려면 무조건 굶어야만 하나? 다이어트 때문에 몸 망가지는 게 싫고, 요요현상으로 고생하는 것은 더욱 싫다. 저염분. 저칼로리 요리는 맛이 없다는데, 어떻게 해야 질리지 않으면서 맛있게 먹을 수 있지? **"**

많은 여성들이 날씬하고 아름다워지기 위해 노력하지만 먹을거리 앞에서는
속수무책입니다. 그렇다고 단식이나 절식이 답이 될 수는 없겠지요.
저 역시 여자인지라 이런 고민에 자유로울 수는 없고요. 그래서 요리사이자
푸드스타일리스트로서 제 나름의 대안을 마련해보았습니다. 여러분의 고민을
조금이나마 덜어줄 수 있다면 정말 좋겠어요.

우선, 스키니걸이 되려면 어떻게 생활해야 할까요?
개인적으로 부지런한 생활습관이 가장 먼저 머릿속에 떠오릅니다. 왜 요리와 무관한
주제를 먼저 얘기할까 의아해할 수 있겠는데요, 사실 매우 중요하기 때문이랍니다.
제 주변을 보더라도 부지런한 생활습관을 가진 사람들은 대체로 건강하고 날씬한
몸매를 갖고 있어요. 몸에 좋은 요리를 직접 만들어 먹기도 하고요.
반대로 게으른 사람은 둥그런 몸매에 잔병치레를 많이 하더군요. 평소에 인스턴트
패스트푸드나 배달요리를 즐겨 먹는데, 이런 요리 속에는 나트륨이 많이 들어
있고, 이를 섭취할수록 식욕은 오히려 늘어난답니다. 또 먹은 것과 반비례하게
신체활동량이 상당히 적어 섭취한 칼로리를 다 사용하지 못하다보니 잉여 칼로리가
지방으로 축적되는 것이지요.
또 귀찮다며 아침을 먹지 않는 사람도 있습니다. 식사 패턴을 보면 아침에는
거의 아무 것도 먹지 않다가 시간이 흐를수록 점점 많이 먹는, 이른바 피라미드식
음식섭취가 습관화된 것을 알 수 있어요. 저녁 8시 이후 고칼로리 요리를 섭취하거나
밤늦게 야식을 즐기는 것도 다이어트의 적입니다. 그래서 스키니걸 요건에
부지런함을 첫 번째로 이야기한 것도 바로 이런 이유 때문입니다.

자, 스키니걸이 되려면 무엇을 먹어야 할까요?

저는 이 책에서 염분이 낮으며 칼로리도 낮고, 지방 함량마저 적은 요리를 직접
만들어 맛있게 먹을 수 있는 방법을 알려드리고자 합니다. 그래서 몸의 신진대사
흐름에 맞는 레시피를 구성해보았어요. 신진대사를 어렵게 설명하는 책도 많던데,
이렇게 생각하면 쉬워요. 아침에는 충분히 쉬고 일어나서 기력이 활발하니까 칼로리
소모도 많지만, 저녁에는 몸이 피곤해지니 칼로리 소모가 줄어든다고요. 그래서
고칼로리 요리를 저녁 때 먹게 되면 몸 안에 많은 잉여 칼로리가 남게 되니까, 아침에
단백질과 양질의 탄수화물이 담긴 요리로 충분히 에너지를 공급해야 한다는 거죠.
독일 속담에 '아침은 황제처럼, 점심은 왕자처럼, 저녁은 거지처럼 먹어라'는
말이 있는데, 사람의 신진대사 정보랑 딱 맞아 떨어져요. 옛사람들의 생활지혜가
돋보이는 속담 같아요. 정말로 하루 중 가장 중요한 식사가 바로 아침이기 때문이죠.
점심에는 몸에 활력소를 줄 수 있게 요리를 먹되, 적당한 양을 천천히 오래 먹는 게
아주 중요하고요. 저녁에는 지방이 적고 섬유질과 단백질이 풍부하며, 포만감이
적당히 느껴지는 식단을 추천합니다. 나중에 자세하게 알아보겠지만 GI지수가 낮은
해조류나 채소류 같은 식품을 섭취하는 게 좋답니다.

TV나 패션잡지에 등장하는 연예인과 모델들은 과연 무얼 먹을까, 과연 먹기는 하는
걸까, 하며 궁금해 하는 사람들이 많지요? 언니인 배우 최정원의 식생활을 아주
가까이서 관찰하고 있는데요, 사실 우리네와 별반 다른 게 없어요.
다만 조금 부지런하다는 거, 규칙적으로 생활한다는 거, 과식·포식하지

않는다는 거 정도……
이 책의 6장에는 아주 특별한 레시피가 실려 있습니다. 언니 최정원과 더불어
스타배우들인 고은아, 강예원, 서영희, 유주희가 건강한 몸매 관리를 위해 즐겨
먹는 식재료와 레시피가 있답니다. 흔한 연예잡지에서 호기심만 자극시키는 원 푸드
다이어트 식단과는 다르고, 스키니걸들도 몸매 관리를 위해 요리 하나에도 꾸준히
신경을 쓰고 노력한다는 것을 알려드리고 싶었어요.

끝으로 저의 첫 책이 세상에 태어나도록 도운 이경민, 이선태 두 분께 감사드립니다.
요리 사진을 아주 맛깔나게 찍은 유지만 사진작가께도 감사드립니다. 맛있는
기획과 멋있는 편집을 한 청림라이프 가족께도 감사드립니다. 무엇보다 스키니걸의
가벼운 요리로 스키니걸이 되실 독자 여러분께 대단히 감사드립니다.

2011년 봄, 목련이 만발한 서래마을에서

최정민 ◦◦◦

Skinny girl's Secret Recipe

Contents

Part 01
스키니걸을 위한
날씬한 라이프스타일

Part 02

스키니걸을 위한
산뜻한 아침요리

Part 03

스키니걸을 위한
즐거운 점심요리

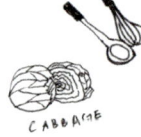

Part 04

스키니걸을 위한
맛있는 저녁요리

Part 05

스키니걸을 위한
흥겨운 파티요리

Part 06

스키니걸을 위한
시크릿 레시피

Skinny-girl's Recipe

Part 01

스키니걸을 위한
날씬한 라이프스타일

부자가 되고 싶다면, 부자의 사고방식을 따라하라는 말이 있습니다. 마찬가지로
스키니걸이 되고 싶다면 스키니걸의 생활패턴을 자신의 것으로 만들어야 합니다.
우리 몸은 정말 솔직해서 우리가 평소에 생활하는 그대로가 몸에 반영됩니다.
고칼로리 음식을 즐겨 먹는데 활동량이 적다면, 당연히 스키니걸의 외모와 거리가
멀 수밖에 없겠지요. 바꿔야 할 기존 습관은 무엇인지, 새로 받아들여야 할 것은
무엇인지 알아볼까요?

스키니걸의 생활 원칙

○
스트레스부터 없애라

스키니걸이 되려는 여성에게 가장 첫 번째로 권하고 싶은 것은 스트레스를
최소화 하라는 것이에요. 스트레스를 받으면 몸의 신진대사가 떨어져
다이어트를 해도 그 효과가 매우 낮게 나타나요. 힘들게 운동하고 주의를
기울여도 살이 별로 빠지지 않는다는 말이죠.

스트레스를 이야기할 때면, 인간의 몸이 생존에 얼마나 민감한지 생각하게
돼요. 요즘과 달리 옛날에는 먹을거리가 풍요롭지 못했어요. 그래서
음식을 제대로 먹지 못해 스트레스를 많이 받았죠. 이 스트레스는 한
마디로 생존 욕구를 매우 강하게 자극했는데, 배고픈 상태일 때 음식을
먹으면, 몸은 음식을 지방으로 저장시켜 배고플 때를 대비했어요. 요즘은
먹을 게 너무 많아 스트레스를 받는데, 참 아이러니한 상황이죠?

짧은 시간에 살을 빼고 싶어 하는 사람들이 스트레스를 많이 받아요.
그도 그럴 것이 평소의 생활습관을 순식간에 바꾸면 스트레스를
받을 수밖에 없어요. 다이어트 식단을 선택했다면, 일주일에
6일은 다이어트 식단으로 식사를 하고 하루 정도는 자신이
먹고 싶은 걸 마음껏 즐기는 것도 스트레스를
풀어 주는 방법이에요. 6일 동안 하루에
1,500~1,800칼로리를 소비했다면 남은
하루쯤 평소에 먹고 싶었던 음식을 먹는다
해도 칼로리 섭취의 항상성은 그대로 유지돼요.
이렇게 스트레스를 적절히 관리해주는 게 내 몸을
아끼는 스키니걸의 자세가 아닐까요?

SQUID

저염식도 현실적으로 계획하라

중간에 포기하지 않고 꾸준히 다이어트를 하기란 쉽지 않아요. 습관이 되어 몸에 익어버리지 않으면 모를까. 날씬한 연예인, 모델을 볼 때면 쉽게 날씬한 몸을 가진 것 같지만 대부분 남다른 노력을 하고 있어요. 그게 아니면 이미 몸을 날씬하게 만드는 생활에 익숙해진 경우죠.

SHRIMP

PAPRICA

소금기가 거의 없는 식단으로 식사를 하다보면 금방 물리고 포기하게 돼요. 그러면 요요현상도 겪게 되서 스트레스까지 엄청나게 받게 돼요. 심리적인 자괴감까지 경험하게 되는 이런 패턴은, 스키니걸이 되고 싶은 사람들에게 큰 고민이에요. 저염식이 다이어트에 도움이 되는 것은 틀림없는 사실이지만 이런 시도는 분명 실현가능한 범위에서 이뤄져야 해요.

다이어트 효과를 유지하려면 우리가 먹는 음식에 소금기가 조금은 있어야 해요. 그래야 몸도 여러 가지 신체활동을 정상적으로 유지할 수 있고, 스트레스도 줄어들어요. 살 뺀다며 하루 세 끼 닭고기만 삶아 먹는다고 상상해보세요. 첫날은 의욕에 넘쳐 잘 할 수 있을지 모르지만, 셋째 날이 되기 전에 닭고기는 다신 쳐다보기 싫게 될 가능성이 높아요. 이런 계획은 100% 실패한답니다.

그렇다면 극단적인 저염식이 아니라 실현가능한 범위 내에서 응용하면 어떨까요? 앞서 말한 닭고기로 예를 들어보죠. 닭고기를 슬라이스 아몬드와 함께 요리해 씹는 맛에 변화를 준다거나, 건강을 좋게 만들어 주는 다양한 식재료를 함께 곁들여 섭취하는 거예요. 그러면 저염식에도 적응하게 되고 즐거운 마음으로 다이어트를 할 수 있어요.

좋은 대안을 적절하게 활용하라

밥 한 그릇을 다 먹으면 포만감이 들어 스트레스를 받진 않지만 그만큼 많은 칼로리가 몸에 흡수되죠. 무턱대고 줄여먹는 것도 현명하지 못한 선택인데, 차라리 이럴 땐 쌀과 곤약을 1:1의 비율로 밥을 지어 먹을 것을 권해요. 곤약은 수분함량이 많고, 칼로리가 거의 없기 때문에 다이어트에 매우 적합한 식품이에요. 곤약은 장 활동을 자극해 변비를 예방하고 피부미용에도 좋아요. 혈액에 천천히 흡수되기 때문에 혈당 조절에도

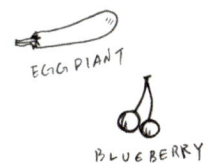
EGG PlANT

BLUE BERRY

도움이 돼요.

나물 반찬을 활용하는 것도 좋은 방법이 될 수 있어요. 하지만 우리나라 나물 반찬에는 소금이 상대적으로 많이 들어있기 때문에 적절히 조절할 필요가 있어요. 나물 고유의 향을 유지하되 소금기는 반으로 줄여 먹는 것을 습관화한다면, 나물이야 말로 최고의 저염도 식단이라 할 수 있어요. 다이어트를 한다며 식사량을 한 번에 너무 많이 줄이는 것은 매우 나쁜 선택이에요. 식사량을 줄이지 않으면서도 할 수 있는 대안이 있으니 이를 적극적으로 활용하는 게 좋겠어요.

○ ○ ○ ○
날씬한 생활습관에 집착하라

좋은 생활습관이 스키니걸을 만들어요. 무의식중에 하는 많은 행동이 우리의 몸을 살찌게 만들고 있어요. 대표적인 게 식사를 하면서 텔레비전을 보는 것인데, 재밌는 것을 보면서 식사를 하면 평소에 자기가 먹던 양보다 훨씬 더 많이 먹는 경향이 있어요.

또 맛있는 음식이 방송에 나오기라도 하면, 식욕을 더 자극해서 식사량이 대폭 늘어나게 돼요.

일요일 저녁에 KBS 〈1박2일〉을 보며 식사를 하면 이런 경험을 할 수 있어요. 식사 도중에 지역의 명물, 기막히게 맛있는 음식이 소개되면 이상하게 더 많은 음식을 먹게 돼요.

텔레비전을 틀어놓고 식사를 하는 것보다 20~30분 정도 가족들과 천천히 대화를 하면서 식사를 즐기는 게 훨씬 나아요. 혹은 즐거운 음악을 들으면서 식사를 하는 건 어떨까요? 그러면 즐겁게 리듬도 탈 수 있고 자신의 식사량도 체크하면서 먹을 수 있으니 여러 모로 더 좋아요. 20~30분에 걸쳐 여유 있게 식사를 마친 후, 텔레비전을 보면서 소화에 도움 되는 운동을 하는 것도 매우 좋은

TOMATO BROCCOLI

선택이에요.

평소 활동량을 늘리는 생활습관도 매우 중요해요. 매일 2시간씩 체육관을 찾아 땀을 흘릴 수 있는 사람이 많지 않을 거예요. 그렇다면 평소에 몸을 움직이는 생활습관을 들이는 게 어떨까요? 얼마 전 KBS 〈생로병사〉에 다이어트는 전혀 하지 않는데, 날씬한 여성의 이야기가 다뤄진 것을 봤어요. 그녀는 엘리베이터나 에스컬레이터는 전혀 이용하지 않고 계단으로 이동하고, 회사에 버스로 출퇴근 할 때도 두 정거장 전에 내려서 걸어가더군요. 이렇게 평소에 몸을 움직이는 습관을 들여 놓으니 운동을 별도로 하지 않아도 날씬한 몸매를 유지 할 수 있더군요. 처음 2주 정도는 습관들이기 어려웠지만, 이제는 움직이지 않으면 몸이 뻐근하다고 인터뷰를 하던데 정말 대단해 보였어요. 좋은 생활습관만큼 확실한 방법도 없는 것 같아요.

○ ○ ○ ○ ○
아침은 필수! 꼭 챙겨먹어라

규칙적인 식사가 스키니걸을 만들어요. 다이어트를 한다며 아침을 거르는 여성이 많은데 이는 매우 나쁜 식사습관이에요. 아침이야말로 하루 세 끼 중 가장 중요한 식사에요. 아침을 먹으면 점심, 저녁 때 상대적으로 식사량이 줄어든다는 게 조사 결과에도 나와 있어요. 반대로 아침을 먹지 않으면 점심·저녁에 식사를 해도 포만감이 잘 느껴지지 않고, 피자나 햄버거처럼 살찌기 쉬운 음식을 먹는 경향이 있다고 해요. 더군다나 아침을 먹지 않으면 뇌에 필요한 포도당이 적절하게 공급되지 않기 때문에 오전시간 내내 멍한 상태로 있게 되죠. 집중력이 필요한 일을 할 때 실수할 확률도 높아지게 돼요.

아침을 먹으면 장이 불편해서 화장실을 자주 가야한다고 하소연 하는 사람도 많은데, 이는 습관이 되지 않아서 그래요. 2주 정도만 소화가 잘 되는 죽이나 과일 같은 음식으로 식사를 하면 불편함을 줄일 수 있어요. 2주가 지나면 많은 전문가들이 이구동성으로 왜 아침을 먹으라 권했는지,

몸으로 느낄 수 있게 될 거예요.

아침에는 통곡물 위주의 탄수화물을 섭취하는 게 좋아요. 통곡물에는 상대적으로 많은 영양소가 들어 있고 섬유질도 많아 건강에 좋아요. 또 단백질과 과일을 섭취해서 포만감도 높여주고 비타민 등 그날 필요한 에너지를 얻는 게 좋아요.

○○○○○○
식사일기를 쓰라

작은 수첩에 그날 자신이 먹은 음식을 기록하세요. 생각으로 정리하면 편하긴 하지만 중간에 그만둘 가능성이 높고, 얼마큼 먹었는지 정확하게 기억하지 못하기 때문에 효과가 없어요. 하루 세 끼 식사와 간식, 야식, 술 등 그날 먹은 것을 기록해 보면, 대부분 생각했던 것보다 많은 것을 먹고 있다는 사실에 놀라게 될 거예요. 이 사실을 알면 그 다음에 식단을 어떻게 조절해야 할지 알 수 있어요.

최근 '가계부를 쓰기만 해도 부자가 된다'는 재테크 전문가의 인터뷰 기사를 읽었는데요. 그는 가계부를 쓰기 전에는 술값의 지출이 가장 클 것이라 생각했는데, 막상 쓰고 보니 업무 중간에 사먹는 간식이나 잡다한 지출이 훨씬 많다는 사실에 놀랐다고 하더군요.

지출의 흐름을 정확히 알게 되면 고쳐야 할 부분도 알게 된다는 말인데, 식사일기도 같은 관점이에요. 식사일기를 쓰고 나면, 가끔 먹는 삼겹살보다 평소에 즐기는 간식이 더 큰 문제였다는 사실을 정확하게 알 수 있어요. 식사일기를 한 번도 써보지 않은 사람은 깜짝 놀랄 결과를 얻을 수도 있어요.

손으로 매일 기록하는 게 습관이 안 된 사람에겐 식사일기를 쓰는 게 많이 귀찮을 수 있어요. 그런 사람들은 항상 휴대하고 다니는 전화기의 카메라를 활용하는 것도 좋은 방법이에요. 먹기 전에 음식의 사진을 찍어두는 것만으로도 괜찮은 효과를 볼 수 있어요.

CHIKEN

물을 많이 마시라

하루에 물만 6~8잔 씩 마셔도 살이 빠진다는
연구 결과가 있어요. 간혹 물만 마셔도 살이 찐다는
사람이 있는데, 이는 살이 아니라 부종(몸이 붓는
질병)일 가능성이 높아요. 물은 칼로리가 제로라 살이
찌지 않아요. 물을 많이 마시면 몸 안에 쌓인 노폐물의
배출이 원활하게 이뤄지기 때문에 여러 가지로 좋아요.
비단 살을 빼기 위해서가 아니더라도 물은 자주자주
마셔주는 게 좋아요.

하루 10분 운동 습관을 들이자

'운동'이라고 하면 보통 힘들고 어렵게
해야 한다는 고정관념이 있어요.
그래서 여름이 다가오면 피트니스센터에 등록하는 사람이 많지만, 한
달이 채 지나지 않아서 그만두는 사람도 많다고 해요.
평소에 운동을 전혀 하지 않던 사람이 처음부터 힘들고 어려운 운동을
시작한다면, 상식적으로 생각해도 꾸준히 지속하기 어려워 보이죠?
몸도 운동에 적응하는 시간이 필요한데, 날씬한 몸매를 갖고 싶은
욕심만 앞선 것이죠. 그렇게 하다가 실패하고 나면 오히려 심리적으로
자괴감에 빠질 가능성이 높아요.
그렇다면 관점을 바꿔 쉽게 접근해보는 것은 어떨까요? 하루에 10분씩
매일 가볍게 운동을 해보는 거예요. 물론 2시간씩 강한 훈련하는 것에
비해 운동량이 훨씬 적겠죠. 하지만 10분 운동은 누구나 부담 없이
시작할 수 있고, 자기 수준에 맞춰 하는 거라 꾸준히 할 수 있어요.
하루 10분 운동을 해보면 알게 되겠지만, 대부분 10분보다 훨씬
오랫동안 운동을 즐기는 모습을 보게 될 거예요. 자신에게 맞는
수준으로 운동을 할 때, 1~2분 정도 지나면 기분이 좋아지는 것을
느끼게 되기 때문이에요. 이런 걸 보면 원래 인간의 몸은 운동을
좋아하게 디자인되어 있는지도 모르겠어요. 오늘부터 10분 운동을
시작해보는 것은 어떨까요?

주방도 스키니걸 스타일로 교체하라

BOK CHOY

인스턴트 음식을 자제하라

요즘은 인스턴트 음식이 없는 집을 찾는 게
불가능할 정도로 인스턴트 음식은 일반화되어
있어요. 습관적으로 인스턴트 음식을
식사대용으로 먹다보면 몸에 나트륨이 필요
이상으로 쌓여 건강상에 여러 가지 문제를 일으킬
수 있어요.

특히 나트륨 섭취가 늘어나면 몸이 붓고
체내불순물이 쌓이는 현상이 나타나요. 무엇보다
몸에 필요한 수분을 몸 밖으로 배출시켜 몸 안에
여러 작용이 정상적으로 이뤄지지 못하게 되죠.
많은 다이어트 전문가들이 물을 자주 마시라고
권하는 것도 이런 이유 때문이에요. 인스턴트 음식
섭취를 최소화를 하고 화학조미료는 과감히 버려
몸을 아끼는 게 좋습니다.

RICE

음식은 1인분씩 포장하라

음식을 먹을 만큼만 포장해두면, 여러 가지로 좋은 점이 있어요. 일단 1인분씩 포장해두면 음식을 더 많이 먹을 가능성을 사전에 방지할 수 있어요. 또 재료가 낭비되는 것을 막을 수 있고, 부지런히 몸을 움직여야 하기 때문에 기초대사량에도 좋은 영향을 줘요. 바쁜 아침 시간에도 음식 준비 시간을 많이 절약할 수 있어요.

작은 그릇, 젓가락을 활용하라

작은 그릇을 사용하면 모든 음식을 조금씩 섭취하게 돼요. 큼지막한 그릇에 음식이 담겨 있으면 아무래도 먹는 양이 많아질 수밖에 없어요. 작은 그릇에 조금씩 담아 천천히 음식을 즐기는 것만으로도 다이어트 효과를 볼 수 있어요. 그리고 숟가락보다 젓가락을 사용하는 게 좋아요. 별것 아닌 것 같아 보이지만, 숟가락으로 음식을 먹으면 포만감이 들기 전에 생각보다 많은 음식을 먹게 돼요. 젓가락을 사용해서 음식을 조금씩 천천히 먹으면 음식 섭취량을 관리할 수 있어요. 생활 속에 이런 작은 습관이 하나씩 모일 때 시너지효과가 발휘 되죠. 부지런한 생활습관만큼 좋은 것은 없다고 생각해요.

냉장고를 관리하라

냉장고를 열어보면 자신이 어떤 식습관을 갖고 있는지 알 수 있어요. 예를 들어 냉장실에 젓갈류, 짭짤한 밑반찬을 중심으로 채워 넣었다면, 앞으로 음식의 50% 정도는 싱겁게 먹을 수 있도록 습관을 조절해야 해요. 그렇다고 소금기를 전혀 먹지 말라는 뜻은 아니에요. 소금을 아예 먹지 않으면 몸에 무리가 오며 스키니걸의 몸매유지에 도움이 되질 않아요. 천천히 무리 없이 단계적으로 해야 해요.
 물엿이 많이 들어간 조림류 또는 케이크, 아이스크림, 초콜릿 등을 좋아하는 사람이라면 과일 같은 천연 당분을 냉장고에 채우는 게 좋아요. 식단을 급격하게 바꾸기보다 현재 자신의 식습관을 고려하여 먹는 게 현명한 스키니걸이에요.

스키니걸 디시 식재료 선택법

MACKEREL

MEAT

다이어트에 관심이 많은 여성은 대체로 음식의 칼로리 정보에 대해 어느 정도 자세히 알고 있죠. 그런데 스키니걸이라면 칼로리 외에 주의해서 살펴야 할 숫자가 하나 더 있어요. 바로 GI지수입니다. GI지수란 탄수화물을 섭취한 후의 혈당상승정도를 서로 비교한 숫자를 말하는데, 이에 따라 GI지수가 높은 식품과 낮은 식품으로 분류해요.

GI지수가 높은 음식은 몸에 빠르게 흡수되면서 혈당을 높여 인슐린분비를 촉진시켜요. 혈액 속에 있는 당이 신체 기관에서 적절히 소모되지 못하면 지방으로 변환되어 몸에 저장돼요. 이게 바로 많은 여성들을 괴롭히는 군살의 주범이죠. 반면 GI지수가 낮은 음식은 몸에 천천히 흡수되기 때문에 빨리 흡수되는 음식에 비해 에너지로 소비될 가능성이 높아요. 쉽게 말해서 GI지수가 낮은 음식일수록 우리 몸의 혈당 변화를 적게 주기 때문에 다이어트에 도움이 된다고 이해하면 돼요. 가공 과정을 많이 거칠수록, 맛이 달수록 GI지수는 높아요. 같은 탄수화물이어도 어떻게 조리해서 먹었는지에 따라 GI지수는 조금씩 달라져요. 똑같은 감자라도 불에 구운 것보다 물에 삶은 감자의 GI지수가 더 낮아요. 가열조리된 것보다는 날 것이 GI지수가 더 낮아요. 예를 들어 GI지수를 낮추려면 구운 감자보다는 삶은 감자, 삶은 고구마보다는 생고구마를 먹는 게 좋아요. 과일의 경우 숙성시킨 잼이나 주스로 만들어 먹기보다는 생으로 먹으면 GI지수를 낮출 수 있어요. 채소, 해조류 등 식이섬유가 풍부한 식품과 유제품, 콩류가 GI지수가 낮은 대표적인 식품이에요.

BOK CHOY

GI지수가 70이상이면 고 GI지수 식품군에 속하고 55이하면 저 GI지수 식품군으로 분류해요. 물론 식품의 GI지수 평가가 정확하게 이뤄지지 않은 것이 많아 공식처럼 적용하기에는 한계점이 있어요. 그래도 참고할 만한 지수에요. 대략 GI지수 60 아래의 음식을 먹을 것을 권해요. 먹는 양이 적으면 혈당이 높게 올라가지 않아 인슐린 분비를 크게 자극하지 않아요. 특히 닭가슴살처럼 단백질이 풍부한 음식은 적게

PAPRICA

 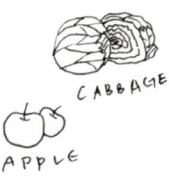

GI 지수표

두류 GI지수	팥 45	완두콩 45	유부 43	두부 42
연두부 42	비지 35	청국장 33	된장 33	콩 30
아몬드 25	두유 23	피스타치오 23	땅콩 20	

곡류/빵/면 GI지수		식빵 91	바케트 93	정백미 84
떡 85	우동 85	롤빵 83	팥빵 77	베이글 75
콘프레이크 75	라면 73	마카로니 71	배아미 70	크로와상 70
현미+정백미 65	현미프레이크 65	흰죽 57	현미 56	밀가루 55
호밀빵 55	오트밀 55	메밀국수 54	보리 50	통밀빵 50

과일 GI지수	딸기잼 82	파인애플 65	통조림황도 63	건포도 57
통조림귤 57	바나나 55	포도 50	망고 49	멜론 41
복숭아 41	감 37	버찌 37	사과 36	서양배 36
키위 35	블루베리 34	레몬 34	귤 33	배 32
오렌지 31	자몽 31	파파야 30	살구 29	딸기 29

우유/유제품/알 GI지수		연유(가당) 82	아이스크림 65	생크림 39
크림치즈 33	드링크요구르트 33	마가린 31	탈지유 30	버터 30
달걀 30	가공치즈 31	저지방유 26	우유 25	플레인요구르트 25

육류/어패류 GI지수		베이컨 49	살라미소시지 48	생선경단 47
햄 46	돼지고기 46	소시지 46	닭고기 45	오리고기 45
양고기 45	굴 45	설게 44	바지락 44	전복 44
장어구이 43	대합 43	가리비 42	모시조개 40	참치 40
전갱이 40	붕장어 40	새우 40		

채소/근채류 GI지수		감자 90	당근 80	산마 75
옥수수 75	참마 65	호박 65	토란 64	밤 60
은행 58	고구마 55	마늘 49	우엉 45	연근 38
양파 30	토마토 30	송이버섯 29	팽이버섯 29	대파 28
새송이버섯 28	표고버섯 28	생강 27	양배추 26	피망 26
꼬투리강남콩 26	무 26	죽순 26	풋고추 26	

먹어도 포만감을 빨리 느낄 수 있어 다이어트에 좋아요. 끼니를 거르게
되면 혈당이 떨어지면서 에너지를 얻기 위해 본능적으로 혈당을 빠르게
높여주는 단 음식을 찾게 되기 때문에 조금씩 자주 먹는 것도 아주 좋은
방법이에요.

덴마크 코펜하겐 대학 라르센(Thomas Meinert Larsen)박사팀이
체질량지수(BMI) 평균이 34인 남녀 고도비만자 938명을 대상으로 했던
실험이 있어요. 간단히 결과만 말씀드리면 고단백질, 저GI 식이요법을
한 그룹이 뺀 살을 유지하는 데 가장 효과적인 것으로 나타났어요.
지금까지 우리는 다이어트에 GI지수를 제대로 활용하지 않았던 게
사실이에요. "무작위로 실시된 이번 대규모 실험 결과는 당지수(GI)가
체중조절에 얼마나 중요한지를 단적으로 보여준다"고 말한 라르센

박사의 말처럼 스키니걸에게
GI지수는 꼭 체크해야 할
정보가 됐어요. 하지만
GI지수를 맹신해선 안 돼요.
견과류와 식용유 등처럼
GI지수는 낮지만 열량이 높은
식품이 있으므로 주의해야
해요.

○
**날씬하고 스마트한 식단
구성법**
다이어트의 핵심은 먹는
칼로리 총량을 제한하는

CARROT

TOMATO

것이에요. 이를 기본으로 개인의 식사 패턴에 따라 저지방, 저탄수화물식 등을 구성해야 해요. 많은 사람들이 칼로리를 제한할 때 지방섭취만 줄이면 될 것이라 생각하지만, 우리나라 식단은 상대적으로 탄수화물 섭취가 많기 때문에 탄수화물에 주의를 기울일 필요가 있어요.

탄수화물은 우리 몸이 필요로 하는 에너지를 공급하는 중요한 영양소이지만, 너무 많이 섭취하면 지방으로 바뀌어 군살이 되죠. 그래서 체중감량이나 비만치료를 위해 적절한 양과 양질의 탄수화물을 먹어야 해요. 그렇다면 탄수화물을 어떻게 섭취하는 것이 좋을까요?

우선 단순당질은 피하는 것이 좋아요. 단순당질은 탄수화물의 가장 기본 단위인 단당류(포도당, 과당)를 말하는데, 이를 많이 먹으면 체지방이 늘어나요. 야채는 많이 먹을수록 좋지만 과일은 적정량만 먹어야 해요.

또 탄수화물 음식을 선택할 때는 GI지수가 낮은 것을 고르는 것이 좋아요. 같은 탄수화물 식품이라도 GI지수가 높을수록 지방분해를 억제하고 공복감을 빨리 느끼게 하기 때문에 다이어트에 좋지 않아요. 또 GI지수가 낮은 식품일수록 비타민, 무기질, 섬유질 등의 좋은 영양소를 많이 포함하고 있어서 좋아요.

식이섬유를 충분히 먹는 것도 중요해요. 섬유질도 탄수화물의 한 종류지만 부피당 칼로리가 낮고 GI지수가 낮으며, 소화하는 데 시간이 오래 걸려 공복감을 줄이는 데도 좋아요. 또 당질이나 지방이 몸에 흡수되는 시간을 오래 걸리게 하기 때문에 밥이나 고기를 먹을 때 야채, 해조류, 버섯, 콩 등 섬유소가 많은 음식을 함께 먹는 게 좋아요. 그리고 탄수화물을 줄이는 대신 저지방 단백질 섭취량은 늘려주는 게 좋습니다. 계란 흰자, 두부, 콩, 저지방우유, 플레인 요구르트, 닭가슴살 등의 음식은 우리 몸에 필요한 단백질의 훌륭한 공급원이에요.

스마트한 식단 구성의 핵심은 좋은 탄수화물을 적당히 먹는 것이지, 탄수화물을 아예 안 먹는 게 아니에요. 탄수화물 섭취가 부족하면 집중력저하, 두통, 멍함 등의 증상으로 고생할 수 있어요. 때문에 탄수화물을 지나치게 줄여먹는 것은 다이어트에 도움이 되지 않는답니다.

스키니컬 요리를 맛있게 하는 불조절법

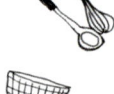

음식의 맛을 좌우하는 것은 바로 불조절이에요. 불만 약하게 강하게 제대로 조절할 줄 알면 아무리 초보라도 깊은 음식의 맛을 선보일 수 있어요. 예를 들어 볶음류의 음식을 조리할 때, 달궈지지 않은 프라이팬에 기름을 두르자마자 재료를 넣으면 기름이 뜨거워지면서 재료 속으로 흡수되어 음식의 맛을 죽여요. 프라이팬을 충분히 달군 뒤 센 불로 재료를 볶아줘야 음식의 맛을 살릴 수 있어요. 찜 요리가 푹 무르지 않고 단단한 것, 튀김이 바삭바삭하지 않은 경우 등 모두가 불조절이 잘 못했기 때문이에요.

볶음, 찜, 튀김, 구이 등 음식에 따라 불조절이 조금씩 달라져요. 크게 나누면 센 불, 중간 불, 약한 불로 나뉘는데, 처음에는 센 불로 조리하다가 차츰 약한 불로 불을 줄이는 경우도 있고, 처음부터 약한 불에서 조리하는 경우도 있어요. 이처럼 불조절 요령만 익히면 맛있는 음식을 만들 수 있어요.

기본적인 조리법(조림, 튀김, 볶음, 찜, 구이)에 따라 적절한 불조절, 조리온도는 조금씩 달라져요. 조리가 서툰 초보자라면 주의 깊게 보세요. 센 불, 중간 불, 약한 불의 세기 혹은 정도는 인터넷을 검색하면 이미지가 자세하게 나와 있답니다. 모양을 글로 묘사하는 것은 아무래도 한계가 있으니 이미지를 참고하세요.

조림요리는 약한 불로

재료에 간이 배야 하는 조림요리는 약한 불을 많이 사용해요. 그러나 처음부터 약한 불로 하면 재료가 잘 익지 않아요. 일단 조림 국물이 한 번 끓을 때까지는 센 불로 끓이고, 그런 다음 조림 재료를 넣고 다시 한 번 끓게 되면고 불을 약하게 해서 푹 조리는 게 좋아요. 계속 센 불로 하면 간이 채 스며들기도 전에 국물이 다 없어지고, 불이 지나치게 세면 재료가 흐물거리게 되죠. 때문에 국물이 한 번 끓고 난 뒤 국물이 약하게 보글거릴 정도의 불의 세기가 적당해요.

튀김은 재료에 따라 온도를 선택하자

튀김은 씹을 때 바삭바삭한 느낌이 생명이에요. 그 비결은 튀김 온도를
지키는 것이에요. 튀김 재료에 따라 프렌치프라이나 크로켓처럼 아주
고온에서 튀겨야 하는 게 있는가 하면, 고기류 튀김처럼 중온에서
익혀야 하는 게 있어요. 고기류 튀김은 중온에서 해야 속까지 완전히
익힐 수 있어요. 튀김옷을 떨어뜨렸을 때 바닥까지 가라앉아서 좀처럼
떠오르지 않는 상태는 대략 150~160℃ 정도에요. 튀김옷이 중간까지

가라앉았다가 곧 떠오르면 중온 170~180℃ 정도이며, 튀김옷을
넣자마자 표면에 올라와서 파르르 흩어지면 180℃ 이상의 고온이라
알아두면 조리할 때 편리해요.

○○○
볶음요리는 센 불로 단숨에 하자
요리 영화에서 불길이 냄비를 집어삼킬 듯이 뻗어 올라오는 것을 본 적이
있죠? 바로 이 정도의 센 불에 볶아야 볶음요리가 맛있어요. 재료를 볶기
전에 미리 프라이팬이나 냄비를 잘 달구고 충분히 기름을 두른 후 또
달궈요. 재료를 넣은 후 온도가 내려가지 않게 하고, 일단 볶기 시작하면
불의 세기는 처음부터 끝까지 세게 유지하세요. 또 재빨리 볶아내야 맛이
있어요. 우물쭈물 하다가는 재료가 타거나 맛이 없어져요. 그러므로 볶기
전에 모든 재료 준비를 끝내야 해요.

LEMON

○○○○
찜은 재료에 따라 불조절을 해야
불조절이 까다로운 요리가 찜이에요. 생선이나 고기는 처음부터 센
불에서 수증기가 듬뿍 나오게 해 단숨에 쪄 내는 게 팁이에요. 약한
불에서 찌면 육류, 생선의 비린내 혹은 누린내가 남게 돼요. 이에 비해
두부나 달걀같이 부드럽게 쪄내야 할 것은 처음부터 약한 불에서
중탕으로 은근히 익혀야 매끄럽게 돼요. 불이 세면 재료에 들어 있던
공기가 증발하면서 구멍을 만드는데, 감자나 고구마 역시 센 불에서
단숨에 찌는 게 좋아요. 불조절에 따라서 재료의 맛이 달라진다는 것 정말
신기하지 않나요? 지금부터라도 불조절로 요리 실력을 업그레이드
해보세요.

바쁜 스키니걸을 위한 간단한 팁

스키니걸은 바쁜 현대여성의 표본이에요. 그만큼 시간이 없다는 것인데, 조리법이
복잡하거나 시간이 많이 걸린다면 여기에 대안이 있어야겠죠?

반조리 상태로 미리 준비하기

쉬는 날 미리 반조리 상태로 밀봉하여 냉장 또는 냉동으로 보관해둔다면 바쁜 아침시간에도
스키니걸 식단으로 아침을 챙겨 먹을 수 있어요. 재료를 찌거나 삶는 것은 보통 15~30분
정도 걸려요. 시간을 줄이려면 감자 또는 단호박을 미리 삶아 깍둑썰기 해서 통에 담아
보관하세요. 먹기 직전 전자레인지에 랩을 씌워 1분만 데워주면 따끈한 재료가 됩니다. 미리
준비를 해두면 바쁜 아침에도 좋은 음식을 든든하게 챙겨 먹을 수 있어요. 이런 관점에서
인스턴트 참치도 꼭 나쁜 재료는 아니에요. 체에 걸러 흐르는 물에 씻어 기름기를 완전히
제거하고 재료로 사용한다면, 짧은 시간에 칼로리도 줄이고 음식의 맛도 살릴 수 있는 아주
좋은 식재료가 되죠. 단 통조림의 기름은 꼭 걸러내고 드셔야 해요.

먹음직스러워 보이는 재료 준비법

먹음직스러워 보이는 음식을 짧은 시간 내에 한다는 것은 다소 무리가 있지만, 조금 신경
쓴다면 보기 좋게 할 수 있는 방법이 있어요. 채소는 대체적으로 일정한 크기로 맞추면 좀
더 정갈해 보이는 효과가 있어요. 예를 들어 대파는 어슷썰기를 했는데, 양파는 다져서 둘을
함께 놓으면 조화가 불안정해 보여요. 대파를 어슷썰기하면 양파는 슬라이스로 썰어주거나,
양파를 다진다면 대파역시 잘게 다져서 넣는 게 통일감을 주면서도 보기가 좋아요.
그리고 채소는 되도록 잘게 썰어 사용하는 것이 좋아요. 그러면 소화력도 높이고 아기자기한
스키니걸을 위한 데코가 가능하죠. 채소요리는 상대적으로 빨리 조리할 수 있지만, 육류는
단시간 내에 하기에 아무래도 어려움이 있어요. 특히 닭고기와 돼지고기는 속까지 익혀
먹어야 하기 때문에 짧은 시간에 만들기에는 시간이 좀 촉박할 수 있어요. 미리 삶아두는
것도 좋은 방법이지만, 칼집을 활용하는 것도 좋아요. 가령 스테이크를 만들 때 표면에
칼집을 내서 익히면 조리시간을 단축할 수 있어요. 또 칼집모양 때문에 시각적으로 좀 더
맛있어 보이기도 하죠.

조리 도구의 꽃은 칼

일본 도쿄의 아사쿠사에 가면 일본 요리사뿐만 아니라 일반인들도 칼을 살 수
있는 가게가 있어요. 매장 전체가 칼로 가득 차있는데, 모양도 크기도 제각각이라
입구에 들어서는 순간 세상에 모든 칼이 이곳에 모여 있는 게 아닌가 착각까지
들게 하죠. 손잡이나 칼에 섬세하게 물고기나 동물 모양을 새겨 넣은 칼도
있고, 화려한 색깔로 힌문을 새겨 넣은 칼도 있어요. 그 모습을 보는 순간, 많은
정성을 기울여 만든 것임을 바로 알 수 있어요. 우리나라와는 달리 일본에서는

ONION

ALMOND

KIWI

칼을 선물로 많이 주고받는다고 해요. 일본에선 칼이 사악한 기운을
쫓아낸다는 의미로 선물로 쓰인다고 해요. 이렇게 여러 가지 칼 사용이
일반화된 일본에서조차 요즘은 독일칼에 주목하고 있답니다.

요리를 취미로 하는 사람이라면 아마 잘 알고 있을 텐데, ==요리할 때
칼만큼 중요한 조리도구도 없죠. 재료를 제대로 자르지 못하면 음식의
모양도 제대로 나오지 않기 때문에 그만큼 음식을 즐길 때 기분과 맛도
덜할 수밖에 없어요. 미각뿐만 아니라 시각적으로도 먹기 좋은 요리를
만들려면 무엇보다 칼이 중요해요.==
==칼만 제대로 사용해도 조리 솜씨가 약간 서툴러도 음식을 맛있어 보이게
연출할 수 있어요.== 때문에 재료가 칼에 달라붙지 않는다든가, 재료 특유의
결을 살려 자르는 칼의 기능성도 무시할 수 없답니다. 그래서인지 요즘
일본 고급 호텔, 레스토랑에서도 독일 칼을 사용하는 곳이 늘어나고
있다고 해요.

저도 처음 요리를 시작할 때 일본 칼을 오랫동안 사용했는데, 몇 해
전부터 독일 칼슈미트 칼을 사용하고 있어요. 칼슈미트의 칼은 칼과
손잡이 부분이 매끄럽게 이어져있어서 자연스럽게 잡을 수 있어요.

그래서 오랜 시간 칼을 사용해도 손목에 무리가 가지 않아요. 칼과
손잡이가 같은 느낌으로 디자인되어 있는 점도 세련되어 보이지만, 칼을
오랜 시간 사용하는 요리사 입장에는 손목에 무리가 가지 않는 점이
매력적이에요. 특히 칼 세트에 칼을 갈아서 쓸 수 있는 장치가 마련되어
있어 재료가 둔하게 썰리는 느낌이 들 때, 그 즉시 칼을 갈아서 바로
사용할 수 있다는 점도 좋아요. 칼의 기능성과 디자인, 편리함을 동시에
갖추고 있어 매우 좋답니다.

재료가 보기 좋게 다듬어져 있으면 요리초보라도 먹음직스러운 요리를
선보일 수 있어요. 예를 들어 닭고기 스테이크는 색깔이 없으므로 여러
가지 채소를 다듬어 사용해서 식감을 높일 수 있죠. 그러면 영양도
올라가고 색감까지 살릴 수 있는 음식 연출이 가능해요. 이때 채소
손질을 일정하게 깍둑썰기 모양으로 단정하게 잘라 닭고기 위에 올리면
먹음직스러워 보이는 닭고기 스테이크가 돼요. 야채만 단정하게 다듬어져
있어도 확실히 다른 느낌이에요. 자신에 꼭 맞는 칼로 상황에 맞는 재료
연출을 하길 권해요.

Skinny-girl's
Recipe

Part 02

스키니걸을 위한
산뜻한 아침요리

하루 세 끼 중 아침식사가 가장 중요합니다. 독일 속담에 '아침은 황제처럼, 점심은 왕자처럼,
저녁은 거지처럼 먹어라' 라는 말이 있어요. 많은 직장 여성들이 아침 굶는 것을 당연하게 여기고
있습니다. 하지만 이는 정말 큰 실수인데요. 아침 식사를 거르게 되면 오전 내내 무기력해질
수밖에 없습니다. 아침에 양질의 탄수화물, 저칼로리 저지방 단백질, 과일 등으로 식사를 하면
하루 종일 든든함을 느낄 수 있습니다.

318
kcal

닭고기 토마토샐러드

발사믹식초는 포도와 와인을 숙성시킨 것으로, 색깔은 검고 신맛이 나는 것이 특징이에요.
맛이 너무 시큼하면 올리브유와 섞어 드세요. 숙성 기간이 길수록 향기와 풍미가 좋아지는데,
12년 정도 장기간에 걸쳐 숙성시키면 강렬한 맛이 나요.

Ingredient (1인분)

닭가슴살 120g, 레몬즙 2큰술, 올리브유 1큰술, 꿀 1작은술, 소금 · 후춧가루 약간, 토마토 1개,
발사믹식초 1큰술, 쪽파 5cm

Recipe

1 닭가슴살을 삶아 식힌 뒤 손으로 잘게 찢는다.

2 레몬즙, 올리브유, 꿀을 그릇에 담고 여기에 소금, 후춧가루 간을 해서 잘 섞는다.

3 슬라이스 한 토마토를 볼에 담고, ①을 그 위에 올린다.

4 ②를 ③에 넣는다.

5 발사믹식초를 위에 살짝 뿌려주면 맛있는 토마토 샐러드가 완성된다. 쪽파를 송송 썰어 올려 먹자.

387 kcal

SALT + PEPPER

콩샐러드

콩은 삶아야하는 번거로움 때문에 바쁜 스키니걸이 잘 먹지 않는 경향이 있지요.
쉽게 구해먹을 수 있는 통조림을 이용하면 끼니로도 손색없는 담백한 샐러드가 만들어져요.
콩에는 여성호르몬과 유사한 이소플라본(Isoflavon)이 들어있어 여성은 꼭 먹어야 해요.

Ingredient (2인분)

통조림 콩(키드빈) 1통, 아보카도 1/2개, 미나리 조금

[소스] 태국피시소스 1/2작은술, 꿀 1큰술, 레몬소스 1작은술, 올리브유 2작은술, 후춧가루 조금

Recipe

1 통조림 콩을 체로 밭쳐 건더기를 거른다.

2 아보카도는 껍질 제거 후 1cm 크기로 깍둑썰기 하고, 미나리도 1cm 정도로 썬다.

3 볼에 콩과 아보카도, 미나리를 담은 후 미리 준비한 소스를 넣어 잘 섞는다.

OLIVE OIL

83
kcal

MEAT

무스테이크

무는 소화력을 좋게 해줘요. 국을 끓여 먹거나 무침이 아니면 먹기 애매한 식재료이기도 한데, 무를 스테이크로 먹는 것도 매우 좋답니다. 무 스테이크는 칼로리는 저지만 섬유질이 많아 포만감을 주고 또 버터 향을 머금고 있어 달콤한 맛을 즐길 수 있어요.

HERB

LEMON

Ingredient (1인분)

무 3cm(80g), 버터 1작은술, 레몬즙 3큰술, 소금 · 후춧가루 조금, 가다랭이포 조금

Recipe

1 프라이팬에 무를 약한 불로 굽는다. 버터는 무 표면이 노릇하게 익었을 때 넣어 팬 전체에 바른다. 표면이 노릇하게 구워진 무를 전자레인지에 넣어 5분간 익힌다. 프라이팬에 남은 버터는 그대로 둔다.

2 ①의 프라이팬에 레몬즙과 소금, 후춧가루 간을 해서 소스를 만든다. 전자레인지에 익힌 무를 접시에 올린 후 소스를 뿌려준 뒤, 그 위에 가다랭이포를 뿌려주면 완성이다.

215 kcal

CHEESE

양파 치즈구이

평범해 보이는 식재료만으로도 맛있는 요리를 만들 수 있어요.
주변에서 쉽게 구할 수 있는 재료로 만든 레시피인데,
조리방법도 간편하기 때문에 아침식사용으로 매우 좋답니다.

EGG

ONION

STRAWBERRY

Ingredient (1인분)

박력분 3큰술, 베이킹파우더 1/3작은술, 올리브유 1작은술, 슬라이스치즈 1장, 계란 1개,
소금 · 후춧가루 조금, 양파 1/2개, 소시지 1개, 파마산치즈 1큰술, 파슬리가루 조금

Recipe

1 박력분, 베이킹파우더, 올리브유, 슬라이스치즈, 소금, 후춧가루, 계란을 볼에 넣고 섞는다.
   슬라이스치즈는 손으로 적당한 크기로 잘라 넣는다.
2 양파와 소시지는 잘게 썰어, ①에 섞는다.
3 머핀 틀 위에 머핀종이를 깔고 ②를 올린다. 파마산치즈를 얹어 전자레인지에 3분간 익힌 뒤,
   파슬리가루를 뿌리면 완성이다.

OLIVE OIL

SALT + PEPPER

328 kcal

GRAPE

BLUEBERRY

후루츠샌드

사워크림은 생크림을 발효시켜 만든 것으로 신맛이 나요. 각자의 취향에 따라
다른 과일을 더 첨가해서 먹어도 괜찮아요.
바나나, 키위, 딸기는 영양소와 효소가 많아 다이어트에 매우 좋답니다.

Ingredient (1인분)

키위 1/2개, 바나나 1/2개, 딸기 2개, 식빵 2장, 사워크림 2작은술

Recipe

1 키위, 바나나, 딸기를 먹기 좋게 썬다.

2 식빵에 사워크림을 바른다(취향에 따라 양을 조절하자).

3 빵에 사워크림을 바르고 그 위에 ①을 올리고 식빵을 덮는다.
　　취향에 따라 빵 가장자리를 잘라내고 먹자.

KIWI

STRAWBERRY

MILK

156 kcal

브로콜리 두부소스

두부는 연한 반면 미소된장을 단단하기 때문에 한 번에 섞이지 않아요.
그래서 브로콜리랑 따로 먼저 버무려두는 게 좋아요.
두부의 단백질과 브로콜리의 비타민C를 한 번에 먹을 수 있는 좋은 레시피에요.

Ingredient (1인분)

미소된장 1큰술, 두부 1/2모, 브로콜리 40g, 호두 10g

Recipe

1 미소된장과 두부를 버무린다.

2 호두를 칼로 잘게 다진다.

3 브로콜리는 한 입 크기로 썰어 살짝 데친 후 ①, ②와 함께 볼에 담는다.

4 ③을 잘 섞어주면 완성이다.

263
kcal

CHEESE

단호박 크림바게트

단호박에는 루테인과 베타카로틴이 들어있어 노화방지에 좋아요.
영양가가 풍부한 반면 칼로리는 낮아서 살이 찔 염려가 없어 다이어트에 좋답니다.
크림치즈와 함께 웰빙 단호박으로 센스만점 아침 식사를 즐기세요.

Ingredient (1인분)

단호박 1/4개, 크림치즈 2큰술, 바게트 2쪽

Recipe

1 단호박의 껍질을 제거 후, 적당한 크기로 잘라 랩으로 싸서 전자레인지에 5분정도 익힌다.
2 뜨거운 상태의 단호박에 크림치즈를 넣어 으깬다.
3 ②를 바게트 빵에 발라 먹으면 완성이다.

156
kcal

BOK CHOY

Morning Recipe

낫토샐러드

낫토는 대두를 발효시킨 일본의 전통의 음식이에요.
일본에 여행가면 아침식사 때 자주 볼 수 있어요. 단백질을 비롯해 여러 가지 영양소가
풍부한 음식으로 장 건강을 좋게 해 다이어트에도 효과가 좋답니다.

Ingredient (1인분)

깻잎 1장, 치커리 1줄, 양상추 1장, 냉동참치 30g, 낫토 1팩, 간장 1작은술, 마른김 조금

Recipe

1 깻잎, 치커리, 양상추, 참치살을 잘게 썬다.

2 볼에 ①을 넣고 낫토, 간장과 버무린 것을 김에 올리면 완성이다.

HERB

APPLEMINT

MACKEREL

270 kcal

APPLE

오트밀 팬케이크

오트밀은 100g에 약 370칼로리 정도인데 오트밀을 사용해 팬케이크를 만들면 일반 팬케이크보다 칼로리가 훨씬 적어요. 오트밀은 식이섬유가 많이 들어있는 탄수화물로 GI지수가 55로 낮아 다이어트 식품으로 많이 사용해요.

STRAWBERRY

Ingredient (2인분)

코티지치즈 25g, 설탕 조금, 우유 80ml, 오트밀 20g, 박력분 40g, 올리브유 1큰술, 베이킹파우더 1작은술, 계란 1개, 계절과일 적당량, 버터 조금

Recipe

1 냄비에 코티지치즈, 설탕 약간, 우유 20ml를 넣고 3분간 끓인다.

2 볼에 오트밀, 박력분, 올리브유, 베이킹파우더, 계란, 나머지 우유(60ml)를 넣고 잘 섞는다.

3 ①을 ②에 넣고 잘 섞는다.

4 달궈진 마른 프라이팬에 적당한 크기로 부어 구워주면 완성이다. 과일, 버터와 함께 먹자.

EGG

OLIVE OIL

MILK

96
kcal

MEAT

소고기 곤약 매운 소스조림

소고기에는 몸에 필요한 필수 단백질이 많이 들어 있어요. 곤약은 다이어트 식품으로 유명한데, 피부를 윤기 있게 만드는 세라미드가 많이 들어있어 피부미용 효과도 있답니다. 덩어리째 먹으면 물리기 쉬우므로 식감을 높여 줄 수 있게 오징어회처럼 잘 썰어 드세요.

PEPPER

Ingredient (2인분)

곤약 200g, 홍고추 1개, 소고기(앞다리살) 50g, 참기름 1작은술
[소스] 고춧가루 1큰술, 간장 1큰술, 맛술 1큰술

Recipe

1 곤약을 굵게 채썬다.

2 홍고추는 송송 썬다.

3 냄비에 참기름을 두르고 소고기를 볶는다.

4 소고기가 익거든 곤약, 홍고추를 넣고 미리 섞어둔 소스를 넣는다.
  약한 불에 2~3분 정도 조려주면 완성이다.

OLIVE OIL

296
kcal

MUSHROOM

표고버섯 새우찜

버섯 안쪽 면에 돌이 있으니 깔끔하게 씻어 주는 게 좋아요. 새우는 산모라 박이 다이어트 식품으로 애용한다고 하죠? 새우는 콜레스테롤이 많은 식품으로 알려져 있지만 크게 걱정하지 않아도 돼요. 새우의 타우린도 콜레스테롤 흡수를 막는답니다.

CHEESE
SHRIMP

Ingredient (1인분)

표고버섯 4개, 칵테일새우 100g, 소금 · 후춧가루 조금, 크림치즈 1큰술, 모차렐라치즈 50g, 파슬리가루 조금

Recipe

1 표고버섯에 칼집을 넣어 밑둥을 깔끔히 잘라낸다(밑둥도 사용한다).
2 표고버섯 밑둥과 새우를 잘게 잘라준다(너무 잘게 다지지 말자).
3 볼에 ②를 넣고 소금, 후춧가루 간을 한 다음 크림치즈를 넣어 버무린다.
4 ③을 표고버섯 위에 얹고 모차렐라치즈를 살짝 뿌려준 뒤 찜통에 넣어 10분간 찐다. 접시에 올린 후 파슬리가루를 뿌려주면 완성이다.

SALT + PEPPER

174
kcal

MEAT

두부스테이크

가지의 식이섬유는 장운동을 활발하게 해서 몸 안의 독소를 배출시켜요.
①에서 두부와 채소를 구울 때 올리브유를 없이 구웠다면 ③에서 올리브유를 넣고,
①에서 올리브유를 넣었다면 굳이 ③에서 올리브유를 넣지 않아도 된답니다.

ONION

GARLIC

Ingredient (4인분)

올리브유 1큰술, 두부 1모, 가지 1/2개, 양파 1/2개, 마늘 1쪽, 춘장 1큰술, 맛술 2큰술, 설탕 1큰술,
소금 · 후춧가루 조금, 새싹 조금

Recipe

1 프라이팬에 올리브유를 두르고 두부, 가지, 양파를 넣어 굽는다(식재료가 붙지 않는 프라이팬이면
그냥 굽는다). 가지는 어슷썰기를 하고, 두부는 정사각형 모양으로 약 1cm 두께로 잘라주면 된다.
양파는 슬라이스 한다.

2 두부와 야채를 프라이팬에서 잠시 덜어내고, 프라이팬에 올리브유와 마늘을 넣어 향을 낸다.

3 프라이팬에서 마늘 향이 올라오면 춘장을 넣고 올리브유와 잘 섞는다. 여기에 맛술, 설탕, 소금,
후춧가루를 넣는다.

4 프라이팬에 두부와 야채를 다시 담고, ③을 넣어 잘 섞는다. ③이 두부, 야채에 잘 배도록 약한 불에
익힌다. 두부를 따로 담아 춘장소스를 뿌리면 깔끔하다.

EGG PLANT

SALT + PEPPER

226
kcal

단호박 땅콩볶음

단호박은 단맛이 있지만 질릴 수 있어 지속적으로 먹기 어려운 단점이 있죠. 옐로 푸드의 대명사인 단호박은 노란 빛을 띠는 카로티노이드가 들어있어 항암효과에 좋고, 면역력에 좋은 비타민C가 풍부하게 들어 있어요. 다양한 소스로 물리지 않게 즐겨보세요.

Ingredient (2인분)

단호박 1/2개, 땅콩 10알, 미소된장 1큰술, 노른자 1알, 올리브유 1큰술, 쪽파 1줄

Recipe

1 단호박은 껍질째 깍둑썰어 접시에 담아 랩 씌운 뒤 전자레인지에 3분간 데운다.

2 땅콩은 잘게 썰어두고, 미소된장과 노른자를 잘 섞는다.

3 달군 프라이팬에 올리브유를 두른 뒤, ①을 넣고 볶는다.

4 미소된장과 노른자 섞은 것을 프라이팬에 넣고 호박에 잘 붙도록 재빨리 섞는다.

5 땅콩을 뿌린 후 5분 정도 볶아준 뒤 송송 썬 쪽파를 얹으면 완성이다.

OLIVE OIL

HIMOND

162
kcal

SHRIMP

해산물 볶음 양파찜

양파는 대체로 메인 메뉴가 아니라 맛을 더해주는 음식으로 쓰이죠?
하지만 이 요리는 양파가 주인공이랍니다. 양파에는 혈액 속에 불필요한 지방을 제거해주는 성분이 들어
있어요. 양파의 아릴설파이드는 몸의 지방흡수를 막아 다이어트에 효과가 좋아요.

EGG

Ingredient (1인분)

양파 1개, 새우 2개, 가리비 50g, 표고버섯 1장, 미소된장 1큰술, 대파, 맛술 1큰술, 계란흰자 2/3개,

Recipe

1 양파 위를 잘라내고 속에 칼집을 내어 파낸 뒤, 둥그런 양파를 끓는 물에 3분간 삶는다.

2 파낸 양파속, 새우, 가리비, 표고버섯, 대파를 잘게 썬다.

3 미소된장, 맛술, 계란 흰자를 잘 섞는다.

4 ②의 모든 재료를 올리브유를 두른 프라이팬에 넣고 볶다가 색이 살짝 변할 정도로 익으면, ③을 넣고
4~5분간 더 볶는다.

5 ④를 ①의 양파에 채워주면 완성이다.

SHELLFISH

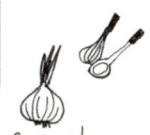
ONION

Skinny-girl's Recipe

Part 03

스키니걸을 위한
즐거운 점심요리

점심시간은 퇴근시간 다음으로 직장인들이 가장 기다리는 시간입니다. 부족한 잠을 보충할
수 있고, 동료들과의 수다로 스트레스를 풀 수 있는 시간이기도 하죠. 직장인들 절반 가까이가
점심식사를 하는 데 쓰는 시간이 10~20분에 불과한데요. 스키니걸이 되려면 적당한 양의 식사를
조금씩 오래 씹어 먹는 게 중요합니다. 빨리 먹다보면 생각보다 많은 양을 먹게 되기 때문이지요.
천천히 여유로운 식사를 즐기세요.

158 kcal

TOMATO

ONION

방울토마토마리네

토마토는 영양소가 풍부한데 비해 당분과 칼로리는 낮아요. 수분도 많아 포만감을 줘 다이어트 식품으로 좋아요. 또 토마토는 생으로 먹는 것보다 익혀서 먹는 것이 좋아요. 토마토를 익히면 리코펜 성분을 더 잘 흡수할 수 있답니다.

HERB

SALT + PEPPER

Ingredient (1인분)

방울토마토 10알, 바질 4장, 다진 양파 1큰술, 소금 1/2작은술, 식초 1큰술, 올리브유 1큰술

Recipe

1 방울토마토의 껍질에 칼집을 살짝 내어 끓는 물에 담가 껍질을 잘 벗긴다.

2 바질을 적당한 크기로 잘라 다진 양파와 ①을 볼에 담는다. 여기에 소금, 식초, 올리브유를 넣는다.

3 모든 재료를 버무리면 맛있고 먹기 좋은 샐러드가 만들어진다.

OLIVE OIL

485
kcal

MEAT

후루츠 로스구이

키위는 피로해소에 좋아요. 식이섬유가 많이 들어 있고, 피부에 좋은 영양성분이 많아 피부관리에도 좋아요. 또 칼로리도 낮고 당지수도 낮아 다이어트에 좋아요. 시나몬가루는 과일과 돼지고기목살이 서로 맛의 조화를 이루게 해요.

HERB

KIWI

Ingredient (1인분)

키위 · 바나나 1개씩, 딸기 3개, 돼지고기(목살) 120g, 후춧가루 약간, 맛술 1큰술, 간장 2큰술, 파슬리가루 약간, 시나몬가루 약간

Recipe

1 키위, 딸기, 바나나를 먹기 좋게 썬다.

2 달군 프라이팬에 후춧가루 간을 한 목살을 올린다. 한 쪽 면이 익으면 뒤집어 맛술을 넣어 잡냄새를 없앤다.

3 ②에 간장과 과일을 같이 넣고 약한 불에 약 5분간 조린 후, 그릇에 올려 파슬리가루와 시나몬가루를 뿌리면 완성이다.

STRAWBERRY

SALT + PEPPER

257
kcal

SHELLFISH

야채밥

방금 완성한 밥에 생야채를 넣으면, 야채특유의 향을 그대로 간직한밥을 즐길 수 있어요.
가리비에는 비타민 B1과 타우린이 들어 있어요.
타우린은 스키니걸의 최대 적인 콜레스테롤 수치를 낮추고 지방을 분해합니다.

Ingredient (1인분)

쌀 30g, 맛술 3큰술, 간장 1큰술, 물 2계량컵, 미나리 10g, 부추 10g, 새송이버섯 10g, 가리비 2알

Recipe

1 쌀을 씻어서 밥통에 넣고, 맛술과 간장을 넣어 밥을 안친다.

2 미나리, 부추, 새송이버섯을 비슷한 사이즈로 썬다.

3 가리비를 끓는 물에 데친다. 막된 밥에 ②와 데친 가리비를 넣어서 섞어주면 먹음직스러운 밥이
완성된다.

MUSHROOM

RICE

BOK CHOY

CABBAGE

438
kcal

CHIKEN

닭고기 메밀국수

닭고기는 약 30분간 삶아서 국물을 충분히 우려내세요. 닭고기를 삶은 물은 메밀면의 육수로
사용해요. 상큼한 맛을 더 원한다면 고추냉이를 곁들여 먹으면 좋아요.
메밀은 칼로리가 적으면서 필수아미노산과 비타민B군이 많이 들어 있어 다이어트에 좋아요.
또 메밀의 시스틴은 피부조직을 부드럽고 탄력 있게 해준답니다.

CABBAGE

Ingredient (1인분)

닭가슴살 50g, 양상추 1장, 메밀면 80g, 오이 1/3개, 고추냉이 1작은술
[닭육수] 다시마 5cm 1개, 맛술 1큰술, 설탕 1큰술, 간장 1큰술

Recipe

1 삶은 닭고기는 손으로 잘게 찢고, 오이는 채 썰고, 양상추는 손으로 잘게 뜯는다.

2 닭고기를 삶은 ①의 물에 맛술, 설탕, 간장, 다시마를 넣고 10분 정도 끓여 육수를 만든다. 면을 삶을 동안
육수는 적당히 식힌다(여름엔 냉장고 겨울엔 서늘한 곳).

3 메밀면은 약 10분 정도 삶는다.

4 면이 적당히 익거든 찬물에 씻어 그릇에 담는다. 여기에 ①과 ②의 닭육수(2계량컵)를 넣으면 완성이다.
고추냉이를 곁들여 먹자.

BOK CHOY

315
kcal

MEAT

돼지고기 우엉전

일본사람은 우엉을 열심히 먹어요. 우엉을 먹으면 늙지 않는다는 말이 있기 때문일까요?
스키니걸의 젊음을 오래 유지하기 위해서라도 열심히 드세요.
반죽을 익힐 때 뚜껑을 덮어가면서 익히는 것도 한 방법이에요.

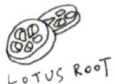
LOTUS ROOT

Ingredient (2인분)

우엉 1/2개, 갈은 돼지고기 120g, 달걀 1개, 다진 생강 1/2쪽, 소금 · 후춧가루, 녹말가루 2큰술,
올리브유 1큰술
[양념] 다진 마늘 1쪽, 맛술 2큰술, 간장 2큰술, 설탕 1큰술

Recipe

1 우엉은 채썰어 소금물에 10분간 담가두었다가 건져낸다.

2 볼에 갈은 돼지고기, 달걀, 다진 생강, 소금, 후춧가루 그리고 녹말가루를 넣어 잘 섞는다.

3 ②를 잘 섞어 먹기 좋게 나누어, 달군 프라이팬에 올리브유를 두르고 약한 불로 고르게 익혀준다.

4 중간정도 익었을 때 양념장을 넣고 잘 굽는다.

GARLIC

SALT + PEPPER

OLIVE OIL

264 kcal

MEAT

두부샌드위치

두부에는 여러 가지 효능이 있지만 스키니걸이 주목해야 하는 것은 변비 예방 효과예요.
두부에는 올리고당이 풍부하게 들어있어 변비에 좋아요.
또 여성호르몬인 에스트로겐과 유사한 이소플라본이 들어있어 좋답니다.

Ingredient (3인분)

GARLIC

HERB

두부 1모, 밀가루 2큰술, 토마토 1개, 슬라이스 햄 3장, 통조림 참치 2큰술, 파슬리가루 조금, 마늘 1쪽,
올리브유 1큰술, 소금·후춧가루 조금

Recipe

1 두부를 1.5cm 두께로 썰어 양면에 밀가루를 입힌다. 슬라이스 햄과 토마토는 먹기 좋게 다듬어 둔다.
   참치는 기름을 짜서 소금, 후춧가루를 뿌려둔다.

2 달군 프라이팬에 올리브유를 두른 후 마늘로 향을 낸다.

3 두부를 프라이팬에 넣어 양쪽 면이 노릇하게 익도록 굽는다.

TOMATO

4 두부 위에 햄, 토마토, 참치를 넣고 다시 두부를 올려 샌드위치를 만들고, 파슬리가루를 뿌려 완성한다.

SALT + PEPPER

487
kcal

LOTUS ROOT

우엉스파게티

스파게티가 생각날 때 집에서 간단하게 먹을 수 있고, 몸의 독소제거에 좋은 우엉을 이용해 건강까지 챙길 수 있는 메뉴를 만들어 봤어요. 더욱 스를 평소에 제대로 해주지 않으면 체내에 독소가 쌓이게 되는데, 몸에 쌓인 독소는 지방대사를 방해하고 피부도 거칠게 만드니 주의해야겠지요?

HERB
OLIVE OIL

Ingredient (1인분)

스파게티 50g, 우엉 50g, 연근 10g, 올리브유 1.5큰술, 마른 김 조금
[양념] 맛술 2큰술, 설탕 1큰술, 간장 2큰술, 소금 1작은술

Recipe

1 스파게티 면은 90%만 익혀서 체에 걸러둔다(양념은 미리 섞어둔다).

2 우엉, 연근 둘 다 껍질은 벗겨 우엉은 채썰고 연근은 얇게 썬다. 프라이팬에 올리브유를 두르고 볶아준다.

3 우엉과 연근이 익으면 여기에 송송 썬 홍고추, ①의 스파게티, 미리 섞은 양념을 넣어 한 번 더 볶는다. 이것을 접시에 올린 후 김을 아주 잘게 썰어 올려주면 완성이다.

PEPPER

200 kcal

MEAT

양배추 소고기쌈

라이스페이퍼보다 열량이 적은 양배추로 쌈을 싸서 좋아요. 양배추의 칼륨은 몸 안에
쌓인 나트륨 성분을 배출시켜요. 또 양배추에는 비타민이 많아서 여드름 치료에도 좋답니다.
도시락으로도 아주 좋은 추천메뉴랍니다.

GARLIC

BOK CHOY

Ingredient (1인분)

양배추 2장, 갈은 소고기 100g, 간장 1큰술, 양파 1/3개, 당근 1/4개, 소금 · 후춧가루 약간, 마늘 1쪽, 새싹 조금

Recipe

1 양배추 큰 잎사귀 2장을 찜통에 4분간 찐다.

2 갈은 소고기에 마늘을 다져 넣고 간장을 섞는다.

3 양파와 당근은 잘게 썬다.

4 프라이팬에 갈은 소고기를 넣고 볶는다. 프라이팬에 기름은 두르지 않고 약한 불로 익힌다.

5 고기 색이 변하면 당근과 양파를 넣고 4~5분간 다시 볶는다. 여기에 소금, 후춧가루 간을 해서 ①의
   양배추에 싸서 새싹을 올리면 완성이다.

ONION

SALT + PEPPER

CABBAGE

364
kcal

HERB

날치알스파게티

먹을 때 김가루와 쪽파를 조금 넣으면 맛이 더 좋아요. 날치알에는 단백질이
많이 들어 있고 칼슘, 미네랄이 풍부해 피로해소와 스트레스 해소에 좋아요.
날치알 스파게티로 고단백 저칼로리 스파게티를 즐기세요.

Ingredient (2인분)

스파게티 50g, 올리브유 1큰술, 새송이버섯 30g, 간장 1큰술, 날치알 1큰술, 김가루 조금, 쪽파 조금

Recipe

1 스파게티는 90%만 익힌다.

2 프라이팬에 올리브유와 굵게 채썬 새송이버섯을 넣어 익힌다.

3 간장에 날치알을 섞는다.

4 ②에 ①을 넣고 ③을 부어 2~3분간 익히고 김가루를 올린 후, 송송 썬 쪽파를 올리면 완성이다.

OLIVE OIL

MUSHROOM

유부 곤약초밥

쌀 대신 곤약을 사용한 다이어트식 유부초밥이에요. 곤약은 칼로리가 낮아 다이어트에 매우 좋아요. 곤약에는 세라미드가 쌀보다 7~8배 많은데, 세라미드가 부족하면 피부에 주름이나 주근깨 같은 게 생기며 피부가 노화돼요. 곤약으로 이를 예방할 수 있답니다.

Ingredient (2인분)

조미유부 8장, 양파 1/2개, 당근 1/4개, 곤약 100g, 연겨자 조금

Recipe

1 양파와 당근을 잘게 다진다.

2 곤약도 길게 썬 후 잘게 다진다.

3 ①과 ②를 잘 섞어 유부 안에 넣는다.

4 오븐에 넣어 3분정도 구워주면 완성이다.

273
kcal

PEPPER

미나리스파게티

미나리에는 섬유질과 비타민C가 많이 들어 있고, 수분도 풍부해 변비에 매우 좋아요.
섬유질은 숙변을 제거해 주는 효능도 있어요. 미나리를 먹으면 노화를 방지하는 호르몬인 콜라겐이
잘 생성돼요. 그래서 피부의 주름과 잡티를 제거한답니다.

HERB

Ingredient (1인분)

스파게티 50g, 미나리 1/3단, 소금·후춧가루 조금, 삶은 달걀 1개

Recipe

1 스파게티를 물에 삶는다. 삶은 스파게티를 별도로 익히지 않으므로 완전히 익힌다.

2 미나리는 3cm 크기로 잘라 그릇에 담는다. 스파게티를 체에 걸러, 미나리를 담은 그릇에 담는다.

3 소금, 후춧가루 간을 하고 이를 잘 버무린다. 여기에 삶은 달걀을 올리면 완성이다.

EGG

BOK CHOY

SALT + PEPPER

344
kcal

오렌지 닭고기스테이크

피망에는 베타카로틴이 많이 들어있어 피부에 좋아요.
비타민C도 풍부해서 기미, 주근깨 예방에도 좋아요. 쓴 맛에 민감한 사람은 피망 속을
칼로 긁어내세요. 그러면 특유의 쓴 맛을 줄일 수 있어요.

PAPRICA

Ingredient (1인분)

닭가슴살 100g, 소금 · 후춧가루, 오렌지 1/2개, 올리브유 1큰술, 피망 1개, 양송이버섯 2개, 간장 1큰술

Recipe

1 닭가슴살에 소금, 후춧가루 간을 하고 오렌지 과즙을 짜서 닭고기에 뿌린다. 짤 때 떨어지는 오렌지
  과육은 그대로 사용한다.

2 달군 프라이팬에 오렌지, 닭가슴살을 올리브유와 함께 넣는다.

3 양송이버섯과 피망은 먹기 좋은 크기로 썬다.

4 닭가슴살이 어느 정도 익거든 ③을 넣는다.

5 ④에 간장을 넣고 3~4분간 조려주면 완성이다.

CHIKEN

SALT + PEPPER

LEMON

MUSHROOM

OLIVE OIL

417 kcal

ALMOND

LEMON

연어 아몬드구이

연어는 피부의 콜라겐 성분을 보호하는 효능이 있어요. 취향에 따라 다르겠지만, 연어는 그냥 구워먹으면 기름기가 많아 느끼할 수 있어요. 그래서 버터 향을 입혀 맛과 영양을 한 번에 챙길 수 있게 레시피를 구성했습니다. 파슬리가루를 뿌려 먹어도 좋아요.

Ingredient (2인분)

연어 200g, 밀가루 2큰술, 소금 · 후춧가루 조금, 슬라이스 아몬드 2컵, 올리브유 3큰술, 파슬리가루 조금, 레몬 1/4개, 버터 10g

[겉옷] 밀가루 2큰술, 계란흰자 1개분, 물 2큰술, 소금 · 후춧가루 조금

Recipe

1 연어는 소금, 후춧가루 간을 한 후 밀가루를 살짝 묻힌다.

2 겉옷의 재료는 모두 섞어 연어에 입힌 뒤, 슬라이스 아몬드를 연어 겉면에 꼼꼼히 묻힌다.

3 올리브유를 두른 프라이팬에 약한 불로 연어를 굽는다.

4 익은 연어는 접시에 놓고 프라이팬을 키친타월로 닦는다. 여기에 버터, 레몬즙을 넣고 약한 불로 살짝 익혀준 뒤 소금, 후춧가루 간을 해서 연어 위에 얹는다. 그 위에 파슬리가루를 뿌려주면 완성이다.

HERB

MACKEREL

SALT + PEPPER

123
kcal

APPLEMINT

미소된장 오징어무침

부추는 혈액순환을 촉진시키고 피를 맑게 하는 효능이 있어 피부미용에 좋아요.
영양이 풍부한 채소에 오징어의 씹는 맛까지 함께 즐길 수 있는 메뉴에요.
칼로리가 적은 곤약밥과 같이 곁들여 드세요.

SQUID

BOK CHOY

Ingredient (2인분)

오징어 200g, 부추 100g, 참깨 조금

[미소초장] 미소된장 1큰술, 간장 1/2작은술, 다시육수 1큰술, 설탕 1/2큰술, 식초 1큰술

Recipe

1 부추를 찬물에 씻어 3cm크기로 잘라 데친다.

2 오징어의 껍질을 벗기고 먹기 좋은 크기(약 1cm 정도)로 잘라 부추 데친 물에 약 1분간 데친다. 칼집은
 오징어 안쪽 면에 낸다.

3 볼에 미소초장 섞은 걸 넣고 오징어와 부추를 버무리고 통참깨를 뿌린다.

SALT + PEPPER

PEPPER

171
kcal

LEMON

SALT + PEPPER

연어 미니버거

팡스타 마돈나도 피부관리를 위해 매일 연어를 먹는다고 해요. 피부 관리에도 효과적이라고 하는데 3일 동안 연어를 먹으면 다크서클이 없어진다는 소문(?)도 있어요. 그만큼 다크서클에 연어가 좋다는 의미겠죠? 표고버섯을 식빵 대신 사용해서, 탄수화물 섭취량을 줄일 수 있는 식단이에요.

OLIVE OIL

MUSHROOM

Ingredient (2인분)

표고버섯 6장, 훈제연어살 150g, 오이 1/4개, 올리브유 1/2큰술, 후춧가루 조금, 레몬즙 1큰술

Recipe

1 훈제연어와 오이를 채썰어 볼에 넣는다.

2 ①에 올리브유, 후춧가루, 레몬즙을 넣어 살살 버무린다.

3 밑둥을 제거한 표고버섯을 랩에 싸서 전자레인지에 1분간 익힌다. 표고버섯 사이에 ②를 채우면 완성이다.

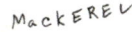

MACKEREL

CARROT

HERB

278
kcal

SQUID

오징어 갈릭소테

오징어는 단백질이 19.5%를 차지하는 고단백질로 저지방, 저칼로리 식품이에요.
특히 아미노산이 풍부하게 들어 있고 비타민B6도 많아 피부를 부드럽게
만들어 줘요. 먹기전에 레몬을 뿌려먹으면 맛이 더 좋아요.

HERB

GARLIC

Ingredient (2인분)

오징어 1마리, 올리브유 1큰술, 마늘 1쪽, 레몬 1/4쪽

[소스] 소금 · 후춧가루 조금, 빵가루 4큰술, 파슬리가루 1큰술

Recipe

1 오징어 몸통을 반으로 갈라 안쪽에 X자 모양으로 칼집을 내고, 껍질을 벗긴다. 이를 1.5cm 정도의
  사각형으로 자른다.

2 올리브유를 두른 프라이팬에 센 불로 오징어를 익히고, 여기에 저민 마늘을 넣어 익힌다.

3 마늘 향이 올라오면 빵가루, 파슬리가루, 소금, 후춧가루로 만든 소스를 섞어 넣어 1분간 약한 불에
  익히면 완성이다. 레몬즙을 뿌려 먹자.

LEMON

SALT + PEPPER

480
kcal

MILK

단호박크로켓

보통 크로켓은 칼로리가 높기로 유명하죠. 하지만 이 단호박 크로켓은
칼로리가 낮은 크래커를 사용해 칼로리를 낮췄답니다. 단호박의 펙틴은 수분을 몸 밖으로
배출시켜 부기를 빼는 데에도 효과가 좋아요.

Ingredient (2인분)

단호박 1/2개, 닭가슴살 100g, 밀가루 1컵, 달걀 1개, 크래커 150g, 소금·후춧가루 약간, 우유 2큰술, 튀김용
기름 적당량

EGG

HERB

Recipe

1 단호박은 껍질까지 깨끗하게 씻어준 뒤 찜기에 넣고 닭가슴살과 함께 20분간 찐다.

2 ①의 단호박을 볼에 넣어 부순다(뜨거울 때 해야 입자가 곱다).

3 닭가슴살을 삶아 잘게 찢어 ②에 넣는다.

4 ③에 소금, 후춧가루 간을 하고 우유를 넣고 골고루 섞은 후 한 입 크기로 동그랗게 만든다.

5 ④에 밀가루 겉옷을 입힌 뒤 달걀옷을 입힌다. 그리고 크래커를 부셔 가루로 만들어 겉옷을 입혀 150도
기름에 튀긴다. 노릇해졌을 때 건져내면 완성이다.

CHICKEN

OLIVE OIL

SALT + PEPPER

383
kcal

OLIVE OIL

드라이카레

일반 카레와 달리 스프가 없다는 게 특징이에요. 카레에는 캡사이신이 들어있어
지방분해가 촉진된답니다. 취향에 따라 엄교(락교)나 샐러드를 곁들여 먹으면 맛을 더할 수 있어요.
드라이카레의 밥은 쌀과 곤약을 5:5로 섞어 사용하세요.

PEPPER

GARLIC

 Ingredient (2인분)

다진 돼지고기 110g, 양파 1/3개, 올리브유 2큰술, 마늘 · 생강 1쪽씩, 카레분말가루 2큰술, 맛술 4큰술, 홍고추 1개,
곤약밥 150g

GARLIC

Recipe

1 양파를 잘게 다진다.

2 프라이팬에 올리브유를 두르고 저민 마늘과 생강을 넣고 볶다가, 마늘 향이 올라오면 ①을 넣고 볶는다.
양파가 투명해질 때까지 익힌다.

3 ②에 다진 돼지고기를 넣고 볶아준다.

4 돼지고기가 완전히 익었을 때 맛술을 넣어 냄새를 없애준다.

5 프라이팬에 카레분말을 넣어 볶아준 뒤 밥 위에 얹어주면 완성이다. 먹을 때 홍고추를 송송 썰어 올려 먹자.

APPLEMINT

ONION

MEAT

138 kcal

RICE

닭가슴살 주먹밥

닭가슴살은 닭에서 지방이 가장 적고 단백질이 많은 부위에요.
닭가슴살은 고단백, 저지방, 저칼로리, 저콜레스테롤 성분으로 다이어트에 필수 음식이에요.
초밥소스와 밥을 섞을 때 서로 제대로 섞이도록 칼질하는 느낌으로 잘게 섞어주세요.

CHIKEN

Ingredient (2인분)

닭가슴살 20g, 밥 120g, 마른 김 조금

[초밥 소스] 식초 1큰술, 설탕 1큰술, 맛술 1큰술

Recipe

1 닭가슴살을 끓는 물에 삶아 잘게 찢어둔다.

2 식초, 설탕, 맛술을 1:1:1로 섞어서 냄비에 한소끔 끓여준다.

3 밥을 덜어 적당량의 ②를 넣고 섞는다.

4 ③에 ①을 넣고 잘 섞는다.

5 손으로 주먹밥 모양을 만들고, 주먹밥크기에 맞게 김을 잘라 붙여준다.

SALT + PEPPER

289
kcal

OLIVE OIL

떡오믈렛

가래떡은 물에 30분 정도 불려서 사용하세요.
바쁜 아침엔 전날 미리 담가두세요.

TOMATO

EGG

Ingredient (2인분)

계란 2개, 올리브유 1큰술, 떡국떡 20개, 토마토 반개, 케첩 조금
[양념] 맛술 1큰술, 간장 2작은술, 설탕 2작은술

Recipe

1 물에 불린 가래떡을 마른 프라이팬에 넣고 잘 굽는다.

2 떡이 노릇해지면, 계란에 양념을 넣고 잘 풀어 ①의 프라이팬에 부어준다.

3 오믈렛을 만들고, 토마토를 잘게 썰어 케첩을 뿌려 먹는다.

HERB

RICE

Skinny-girl's
Recipe

Part 04

스키니걸을 위한
맛있는 저녁요리

●●●●●

우리 몸은 생체리듬에 따라 저녁이 되면
소모하는 에너지양이 줄고, 남은 에너지를
몸에 저장합니다. 저녁은 거지처럼 먹으라고
한 독일 속담의 지혜를 엿볼 수 있죠.
저녁식사는 지방이 적고 섬유질과 단백질은
풍부하며, 포만감이 적당히 느껴지는
식단이 좋아요. GI지수가 낮은 해조류나
채소류 같은 식품을 섭취하는 게 좋습니다.
식이섬유가 많이 들어 있고, 살이 덜 찌는
식재료를 사용해서 레시피를 구성했답니다.

157
kcal

HERB

해산물 오리엔탈 볶음

고단백 식품인 오징어에는 타우린이 들어있는데, 이는 콜레스테롤을 낮추고 피로해소에도 좋아요. 비만이나
성인병이 있는 사람의 건강식으로 아주 좋은데, 냉동 해산물 믹스 제품을 활용하면
시간을 많이 줄일 수 있어요.

SQUID

SHRIMP

Ingredient (3인분)

새우 80g, 오징어 30g(혹은 냉동 해산물 믹스), 브로콜리 120g, 양파 1/3개, 파프리카 1/2개,
당근 1/4개, 올리브유 2큰술, 굴소스 1큰술, 소금 · 후춧가루 조금

Recipe

1 양파, 당근, 브로콜리, 파프리카를 먹기 좋은 크기로 썬다.

2 새우와 오징어는 손질 후 칼집을 내어 한입크기로 자른다. 해물믹스 제품을 이용하면 편하게
   요리를 할 수 있다. 프라이팬에 올리브유를 두른 후, 새우와 오징어를 볶는다.

3 새우가 색이 변하면 ①을 모두 넣어 볶는다.

4 굴소스를 뿌린 후 소금, 후춧가루 간을 살짝 하면 완성이다.

ONION

OLIVE OIL

SALT + PEPPER

CARROT

216 kcal

TOMATO

토마토 소고기말이

소고기는 아주 우수한 단백질이에요. 하루에 소고기를 90g 정도만 섭취해도 단백질,
아연, 비타민 B₁₂, 셀레늄 등의 영양소를 얻을 수 있어요. 하지만 소고기에는 비타민이 적게
들어 있어요. 그래서 채소류와 함께먹는 것이 좋아요. 아스파라거스는 몸의 열을 내리고
신진대사를 촉진시켜 원기를 회복시키는 효능이 있어요.

ONION
CARROT

Ingredient (1인분)

슬라이스 소고기 3장(75g), 방울토마토 4개, 양파 1/4개, 양송이 1개, 아스파라거스 3개, 당근 20g,
소금 · 후춧가루 조금, 올리브유 1/2큰술, 파슬리가루 조금

Recipe

1 방울토마토, 양파, 양송이버섯을 먹기 좋게 자른다.
2 슬라이스 한 소고기에 소금, 후춧가루 간을 살짝 해 준 뒤 아스파라거스 넣고 말아준다.
3 프라이팬에 올리브유를 두른 뒤 ②를 넣고 풀리지 않도록 노릇하게 구워준다.
4 ③이 익거든 ①을 넣고 소금, 후춧가루 간을 살짝 한다. 약한 불에 3분정도 익히고,
　파슬리가루를 뿌리면 완성이다.

MEAT

MUSHROOM

OLIVE OIL
SALT + PEPPER

251
kcal

땅콩소스 단호박찜

땅콩의 비타민E는 노화방지 및 피부미용에 효과가 있답니다.
하지만 땅콩은 지방이 많고 칼로리도 높기 때문에 적절한 양(하루 25g 정도)을 먹는 게 좋아요.

Ingredient (2인분)

땅콩 50g, 간장 1큰술, 단호박 1/2개, 빨간 피망 1/3개, 페타(Feta) 치즈 2개

CHEESE

Recipe

1 믹서에 간장과 땅콩을 넣어 잘고 걸쭉해지도록 갈아준다.

2 단호박은 껍질째 호박은 찜통에서 20분간 쪄서 먹기 좋게 자른다.

3 빨간 피망을 잘라 안쪽을 살짝 긁어낸다.

4 ③을 잘게 썰어 ①에 넣고 섞어준다. 이것을 페타(Feta) 치즈와 함께 ②에 살짝 뿌려주면 완성이다.

PEPPER

AlMOND

359
kcal

SHRIMP

새우완탕

새우는 100g당 칼슘이 250mg이나 되며 비타민 B₁과 B₂의 함량도 높아요.
앞서 새우의 콜레스테롤에 대해 언급했는데, 새우 100g에는 콜레스테롤 123mg이 들어 있답니다.
이 수치는 다른 어패류보다 조금 높은 수준이며 달걀(630mg)과 비교해도 많지 않아요.

Ingredient (1인분)

새우 50g, 저민 생강 아주조금, 대파 2cm, 참기름 1작은술, 만두피 5장, 양상추 2장, 물 1계량컵,
치킨스톡 1개, 맛술 1작은술, 대파(잘게 썬) 1큰술, 소금 조금

GARLIC
CHIKEN

Recipe

1 새우를 다듬어 잘게 다져 대파, 소금, 저민 생강, 참기름과 섞는다.

2 만두피에 ①을 채워 만두를 만든다.

3 텁텁한 맛을 없애기 위해 ②를 끓는 물에 3~4분간 데쳐 건져둔다.

4 양상추와 대파를 먹기 좋은 크기로 썬다.

5 냄비에 맛술, 소금, 치킨스톡, 물을 넣고 펄펄 끓여, 양상추와 대파, ③을 넣어 2분 정도 끓이면 완성이다.

APPLEMINT

SALT + PEPPER

97
kcal

발사믹 곤약샐러드

미역에는 다양한 무기질, 비타민과 수용성 섬유질(알긴산)이 들어있는데,
이 알긴산은 공해물질을 외부로 배출시키고 동시에 콜레스테롤이 체내로 흡수되는 것을 막아요.
특히 미역은 요오드 성분이 많이 있어 미리 먹어두면 방사성 요오드 축적을 막는답니다.

Ingredient (2인분)

곤약 120g, 미역 30g, 발사믹식초 3큰술, 가다랭이포 조금, 올리브유 1큰술

OLIVE OIL

CABBAGE

Recipe

1 끓는 물에 곤약과 미역을 약 30초간 넣어 살짝 데친다.

2 ①의 곤약에 칼집을 X자 모양을 내 소스가 잘 스며들도록 한다.

3 발사믹식초를 냄비에 담아 센 불로 10초간 졸이고 접시에 담는다.

4 곤약과 미역을 올린 후 올리브유를 뿌린다. 그 위에 가다랭이포를 얹어주면 완성이다.

CARROT

SALT + PEPPER

232
kcal

CHEESE

흰살생선 카레크림

스키니걸이 되고 싶다면 흰살생선을 주목해야해요. 흰살생선은 100g당 96~104칼로리 정도로 낮아요(붉은살 생선의 칼로리는 거의 두배). 기름 없이 양념을 조금만 넣어도 훌륭한 다이어트 식품이 돼요. 흰살생선은 살이 연하고 소화가 잘 된답니다.

MILK

Ingredient (2인분)

흰살생선 100g, 소금 · 후춧가루 조금, 밀가루 3큰술, 카레분말 1큰술, 버터 1큰술, 우유 3/4컵,
월계수잎 1장, 미나리 조금

Recipe

1 흰살생선에 소금, 후춧가루 간을 하여 밀가루와 카레분말을 뿌려 겉옷을 앞뒤로 잘 입힌다.

2 프라이팬에 버터를 녹인 다음 ①을 고루 익힌다.

3 생선이 노릇하게 익으면 우유와 월계수잎을 넣어 약한 불에 2~3분간 살짝 조린다. 이것을 그릇에 담아 미나리를 살짝 얹어주면 완성이다.

MACKEREL

HERB

APPLEMINT

SALT + PEPPER

178
kcal

MUSHROOM

곤약잡채

곤약에는 칼슘이 많이 들어 있어요. 칼슘을 충분히 먹으면 불안감해소와 신경안정에도
좋아요. 그리고 곤약을 먹으면 윤기 있는 피부를 만들 수 있어요.
곤약에는 세라미드가 들어 있는데 이는 피부의 가장 바깥쪽에서 자극을 차단하는 역할을 해요.
피부가 거칠어졌다는 것은 세라미드가 감소했다는 뜻이겠죠?

PAPRICA

ONION

Ingredient (1인분)

실곤약 50g, 양파 1/4개, 피망 1/2개, 당근 20g, 새송이버섯 20g, 참기름 1큰술

[소스] 간장 1작은술, 굴소스 1작은술, 소금·후춧가루 조금

Recipe

1 실곤약은 끓는 물에 넣어 살짝 데친다.

2 새송이버섯, 양파, 피망, 당근을 먹기 좋게 잘라 프라이팬에 넣고 볶는다. 참기름을 사용하자.

3 볼에 ①과 ②를 넣고 소스를 넣어 버무리면 완성이다.

CARROT

OLIVE OIL

141
kcal

EGG

달걀 버섯볶음

유데타마고 (ゆでたまご)는 삶은 계란인데, 흰자나 노른자 모두 흐물거릴
정도만 익힌 것을 말해요. 느타리버섯은 수분이 90% 이상이고, 새송이버섯은 해독작용이
뛰어나 노화예방에 좋아요.

Ingredient (1인분)

느타리버섯 30g, 물 1/2계량컵, 달걀 1개, 새송이버섯 10g, 쪽파 조금

[소스] 설탕 1큰술, 맛술 1큰술, 간장 1큰술

APPLEMINT

Recipe

1 새송이는 0.5cm 두께로 썰어주고 느타리는 잘 찢어준다.

2 끓는 물에 달걀을 넣어 7분간만 삶는다. 시간을 꼭 지켜야 적당히 익은 유데타마고를 만들 수 있다.

3 프라이팬에 버섯을 넣고 설탕, 맛술, 간장, 물을 부어준다. 접시에 버섯과 삶은 달걀을 올리고 먹기
   직전에 터뜨려 섞는다. 쪽파를 썰어 넣어 장식을 한다.

MUSHROOM

HERB

SALT + PEPPER

178
kcal

MILK

배추스프

배추에는 여러 가지 비타민과 미네랄이 들어 있어 위장의 기능을 돕고 변비에도 효과가 좋아요.
배추 심은 칼로 썰고 잎부분은 손으로 먹기 좋게 뜯는 것도 좋은 방법이에요.
배춧잎은 금방 익기 때문에 우유를 넣기 바로 직전에 넣는 게 좋아요.

Ingredient (1인분)

배추 2장, 베이컨 1장, 치킨스톡 1개, 물 180ml, 우유 100ml, 소금 · 후춧가루 조금, 옥수수통조림 2큰술

CHIKEN

CABBAGE

Recipe

1 끓은 물에 치킨스톡을 넣는다.

2 베이컨은 잘게 썰고, 배추는 먹기 적당한 크기로 썬다.

3 ①의 냄비에 베이컨과 배추를 넣어 10분간 끓인다.

4 ③에 우유를 넣고 1분간 끓여준 뒤 소금, 후춧가루 간을 하면 완성이다. 옥수수를 올려먹으면 맛이 좋다.

SALT + PEPPER

MEAT

350 kcal

APPLEMINT

감자 참치샐러드

감자의 칼륨은 몸속에 쌓인 소금성분을 몸 밖으로 배출시켜요. 감자에는 칼륨이 많아 몸의 부기를 빼는 데 도움이 돼요. 감자를 먹으면 장 속 미생물이 살기 좋은 환경을 만들어 장이 튼튼해지고, 결과적으로 피부도 탄력이 생겨요.

Ingredient (2인분)

감자 2개, 통조림 참치 1통, 양파 1/2개, 파슬리가루 2큰술,
[드레싱] 올리브유 1큰술, 식초 1큰술, 소금 · 후춧가루 조금

SALT + PEPPER

MACKEREL

Recipe

1 감자는 껍질을 제거하고 찜통에 찐다.

2 통조림 참치는 손으로 꼭 짜 기름기를 제거한다.

3 양파는 슬라이스한다

4 ①,②,③과 파슬리가루를 볼에 담아 함께 버무린다.

5 ④를 적당히 으깬 다음 미리 섞어둔 드레싱을 뿌려주면 완성이다.

POTATO

HERB

ONION

246
kcal

BOK CHOY

Dinner Recipe

바지락 야채찜

바지락은 철분 함량이 높고 코발트, 비타민B2가 들어있어 빈혈 예방에
매우 좋아요. 봄이 초입에 드는 4월부터 산란기에 접어드는 6월까지 가장 맛이 좋고
산란기가 지난 바지락은 젓갈용으로 사용한답니다.

SHELLFISH

GARLIC

Ingredient (2인분)

바지락 100g, 베이컨 1장, 마늘 2쪽, 올리브유 1큰술, 백와인 1계량컵, 청경채 1팩, 배추 1/4포기, 소금 약간

Recipe

1 프라이팬에 올리브유를 두른 뒤 마늘 저민 것과 베이컨 잘게 썬 것을 볶는다.

2 마늘이 익어 향이 올라오기 시작하면 ①에 바지락과 화이트와인을 넣는다.

3 바지락이 벌어지기 시작하면 소금을 넣고 청경채와 배추를 넣어 숨이 죽을 때까지 졸인다.

SALT + PEPPER

APPLEMINT

MEAT

OLIVE OIL

234
kcal

당면국수

돼지고기에는 다른 육류에 비해 특히 비타민B군이 많이 들어 있어요.
양질의 단백질과 각종 영양소가 들어있어 피부를 보기 좋게 해주죠.
그리고 인, 칼륨, 미네랄이 풍부해 영양보충 식품으로 매우 적합해요.

HERB

CHIKEN

Ingredient (1인분)

슬라이스 돼지고기 30g, 당면 50g, 치킨스톡 1개, 쪽파 조금, 물 2계량컵

Recipe

1 냄비에 슬라이스 한 돼지고기를 넣어 완전히 익을 때까지 볶는다.

2 ①에 물을 넣고 당면과 치킨스톡을 넣어 10분간 끓인다.

3 국물 위에 뜨는 거품을 국자로 없앤다. 먹을 때 위에 쪽파를 얹어주면 완성이다.

MEAT

APPLEMINT

EGG PLANT

야채 샤브샤브샐러드

블랙푸드의 대표인 가지는 열지수가 낮고 식이섬유도 많아 다이어트에 효과가 좋아요.
가지의 식이섬유는 장을 건강하게 해 변비 등의 질환을 개선해줄 뿐 아니라,
장내의 노폐물을 제거해 주어 장 질환을 예방해요. 피부미인은 모두 장이 건강하답니다.

MEAT
BOK CHOY

Ingredient (2인분)

가지 1/2개, 방울토마토 6알, 샤브용 돼지고기 90g, 소금 조금, 얼음물 200㎖

[드레싱] 다진 마늘 1/2작은술, 고추장 1작은술, 간장 1큰술, 식초 1/2작은술, 참깨 조금, 꿀 1작은술

Recipe

1 가지는 4cm 크기로 4등분하여 소금을 뿌려 5분정도 재워준 뒤 흐르는 물에 씻는다.

2 물기 제거하지 말고 랩으로 싸 전자레인지에 1분간 익힌다.

3 토마토는 가스레인지 불에 직접 구워 껍질을 제거한 후 얼음물에 담근다.

4 돼지고기는 끓는 물에 담가 익혀 기름기를 제거한다.

5 접시 위에 가지, 토마토, 익힌 돼지고기를 얹고 미리 섞어둔 드레싱을 뿌리면 완성이다.

BROCCOLI

TOMATO

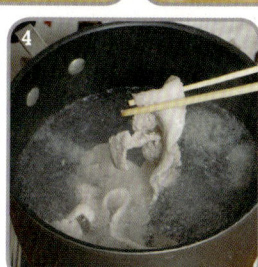

SALT + PEPPER

248
kcal

BROCCOLI

브로콜리리소토

리소토는 보통 칼로리가 높은데, 칼로리가 적은 작은 멸치와 브로콜리를 사용해
스키니컬 버전으로 바꿔봤어요. 치킨스톡은 닭고기, 양파, 마늘, 로즈마리 등의 재료로 만들어
이를 이용하면 닭육수를 쉽고 간편하게 만들 수 있어요.

CHIKEN

Ingredient (2인분)

비엔나소시지 4개, 브로콜리 40g, 작은 멸치 100g, 쌀 50g, 치킨스톡 1개, 물 1 1/2계량컵, 버터 1/2큰술, 분말치즈 1/2큰술, 올리브유 1/2큰술

Recipe

1 비엔나소시지와 브로콜리를 먹기 좋은 크기로 자른다.

2 프라이팬에 올리브유를 두르고 멸치가 바싹 익을 때까지 볶아준다.

3 ①을 ②에 넣고 볶는다.

4 치킨스톡 1개와 물 1 1/2컵으로 육수를 만들고, 쌀을 넣어 20분 동안 나무주걱으로 잘 저어가면서 익힌다.
   눌러 붙지 않게 주의하자. 불을 끈 뒤 분말치즈와 버터를 넣어 섞어주면 완성이다.

CHEESE

RICE

219 kcal

콜리플라워카레

콜리플라워는 100g에 25칼로리 정도로 낮은 편이라 다이어트 식품으로 좋아요.
콜리플라워는 꽃 부분과 줄기 중간까지 사용하세요.
콜리플라워는 스트레스를 예방하는 것으로 알려져 있답니다.

OLIVE OIL

BOK CHOY

MEAT

CARROT

Ingredient (2인분)

당근 1/2개, 콜리플라워 1개, 닭고기(안심) 50g, 올리브유 1큰술, 분말카레 4큰술, 물 2계량컵

Recipe

1 당근은 1.5cm 정도 크기로 깍둑썰기하고, 콜리플라워도 먹기 좋게 자른다.

2 닭고기는 아주 잘게 다진다.

3 냄비에 올리브유를 살짝 둘러주고 ②를 넣고 볶는다.

4 ③에 ①의 채소를 넣고 물을 붓는다.

5 물이 끓고 10분 정도가 지난 뒤 카레를 잘 풀어 넣고 약 5분간 졸인다.

CHIKEN

RICE

BROCCOLI

329
kcal

MUSHROOM

표고버섯 새우찜

표고버섯에는 인체 면역력을 강하게 만드는 성분이 들어 있어요.
지방성분이 적고 식이섬유가 풍부해서 다이어트에 매우 좋아요.
다만 조금 비싼 게 흠이라면 흠이네요.

Ingredient (1인분)

카망베르치즈 1/2개, 칵테일새우 100g, 표고버섯 4개, 올리브유 1큰술, 캐슈너트 2큰술, 파슬리가루
2작은술, 호두

APPLEMINT

CHEESE

Recipe

1 카망베르치즈는 적당히 잘게 잘라주고, 새우는 잘게 다진다.

2 표고버섯을 찜통에 넣고 버섯 안쪽에 올리브유를 바른다.

3 그 위에 ①의 새우를 올린다.

4 ③ 위에 카망베르치즈를 얹은 뒤 5∼6분간 찐다. 완성 후 호두와 파슬리가루를 뿌린다.

SHRIMP

HERB

OLIVE OIL

125
kcal

HERB MEAT

Dinner Recipe

참깨 닭고기 토마토무침

닭고기는 충분히 익혀서 사용하고요. 죽순이 제철이 아닌 경우에는 통조림 제품을 이용하세요.
방울 토마토를 사용해도 관계없답니다.

Ingredient (2인분)

CHICKEN

닭고기(안심) 120g, 오이 1/2개, 식초 1큰술, 죽순 20g, 간장 1/2큰술, 토마토 1개, 참기름 1작은술,
설탕 1/2작은술, 참깨 조금, 맛술 1큰술, 소금 조금

Recipe

TOMATO

1 닭고기에 맛술 1큰술, 소금을 조금 넣어 10분 동안 재운다.

2 10분 후 ①을 건져내 랩에 싸서 전자레인지(500W)에 5분간 돌린다.

3 죽순과 오이를 채썬다.

4 닭고기는 아주 잘게 찢어 ③과 함께 볼에 담는다.

5 토마토를 슬라이스해 접시에 올리고 ④에 식초, 간장, 참기름, 설탕을 넣고 섞은 뒤, 이를 토마토
위에 올린다. 참깨를 뿌려주면 완성이다.

SALT + PEPPER

250 kcal

소보로 무조림

무를 많이 먹으면 속병이 없어진다는 말이 있을 정도로 무에는 몸에 좋은 영양소가 많이 들어 있어요. 전분 분해효소인 아밀라제를 비롯해서 효소도 많이 들어 있어요. 수분이 대부분이고 비타민 B군, C가 풍부하고 식이섬유가 풍부해 다이어트에 좋아요. 무는 뒤집어가며 앞뒤로 잘 익히세요.

Ingredient (2인분)

무 200g, 닭고기(가슴살) 100g, 생강 1작은술, 올리브유 2작은술, 다시육수 200ml, 맛술 2큰술

Recipe

1 무는 3cm 정도로 깍둑썰기한다.

2 프라이팬에 올리브유와 생강을 넣고 익힌다. 향이 올라오면 다진 닭고기를 넣어 볶는다.

3 닭고기가 익거든 무, 다시육수, 맛술을 넣고 10분간 조려주면 완성이다.

328
kcal

POTATO

안초비 감자오믈렛

멸치는 갱년기 여성의 골다공증을 예방하고 산모에 칼슘을 보충하는 탁월한 식품이에요.
몸에 칼슘이 부족해지면 신경이 불안정해져 불안, 초조, 우울증에 시달리기 쉽고 불면증까지 걸린답니다.
오믈렛을 접시에 담을 때는 프라이팬에 있는 것을 반대로 담아주면 편해요.

EGG

HERB

Ingredient (1인분)

감자 1개, 달걀 1개, 안초비 1마리, 소금 · 후춧가루 조금, 올리브오일 1큰술

Recipe

1 감자는 껍질을 벗겨 끓는 물에 삶는다. 익거든 칼로 깍둑썬다.

2 프라이팬에 올리브유를 넣어 안초비를 넣고 잘게 부숴 익힌다.

3 ①의 감자를 넣고 안초비와 잘 섞이게 주걱으로 자른다.

4 ③에 달걀을 잘 풀어 소금, 후춧가루 간을 하고 오믈렛모양으로 만들어 완성한다.

SALT + PEPPER

OLIVE OIL

144 kcal

CHIKEN

닭고기 완자볼

닭고기를 익힐때는 약한 불로 하는 게 좋아요.
홍고추는 매콤함을 더해주는데, 매운 게 싫은 사람은 홍고추를 빼고 요리를 해도 괜찮아요.
①의 두부 물기는 확실하게 제거해주는 게 좋아요.

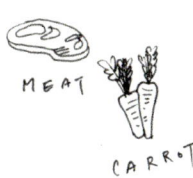
MEAT

CARROT

Ingredient (2인분)

두부 100g, 닭고기(가슴살) 100g, 대파 3cm, 당근 1/5개, 홍고추 1개,
[소스②] 간장 2/3큰술, 녹말가루 1작은술 [소스⑤] 다시육수 1/2계량컵, 간장 1/2큰술, 맛술 3큰술,
설탕 1작은술,

Recipe

1 두부는 3cm 간격으로 잘라 키친타월로 물기를 제거한다.

2 간장과 녹말가루를 닭고기 다진 것에 넣고, 닭고기에서 끈기가 나올 때까지 버무린다.

3 대파와 당근은 아주 잘게 썬다.

4 ②에 ①과 ③을 넣고 잘 섞은 다음 동글게 성형한다.

5 냄비에 다시육수, 맛술, 간장, 설탕, 송송 썬 홍고추를 넣고, 성형한 닭고기를 넣어 약한 불로 익히면 완성이다.

PEPPER

BOK CHOY

Skinny-girl's
Recipe

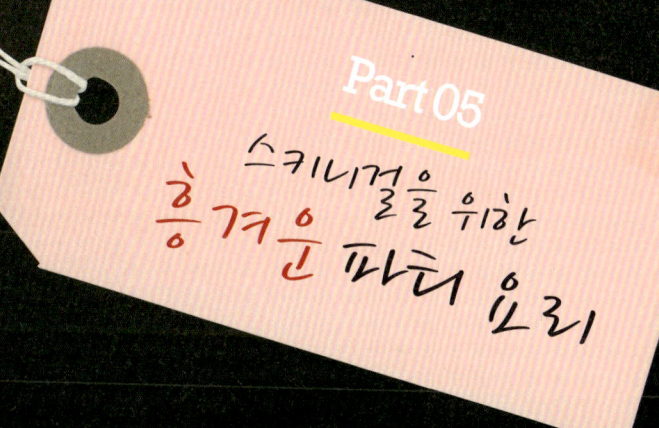

Part 05

스키니걸을 위한
흥겨운 파티 요리

● ● ● ● ● ●

온가족이 모여 즐기는 특별한 날이나, 연말에 홈 파티를 계획하는 사람들이 점점 늘어나고
있습니다. 외식에 비해 비용은 적게 들면서, 마음 맞는 사람들과 조용하고 분위기 있는
시간을 보낼 수 있어서인데요. 홈 파티가 늘면서 더불어 파티 음식에 대한 관심도 높아지고
있습니다. 홈 파티를 준비할 때 새로운 요리, 특별한 요리를 해야 하는 것은 아니에요. 쉽게
만들 수 있고 누구나 맛을 즐길 수 있는 파티 레시피를 소개합니다.

KIWI

자몽젤리

자몽은 저칼로리 과일로 인슐린 분비를 억제해줘요.
또 비타민C가 풍부해 피부미용에 좋으며 구연산 성분이 많아 피로해소에도 좋아요.
③의 젤라틴이 잘 녹지 않을 경우엔 약한 불에 잘 저어서 녹여주세요.

Ingredient (1인분)

자몽 1개, 젤라틴 2장, 설탕 1큰술, 따뜻한 물 1/2계량컵 (약 50℃), 새싹 잎사귀

STRAWBERRY

Recipe

1 자몽은 뚜껑만 잘라 속을 파낸다. 껍질은 나중에 사용한다.

2 파낸 내용물을 체에 걸러 자몽 즙을 짜준다.

3 따뜻한 물에 설탕과 젤라틴을 넣어 이를 잘 녹인다.

4 ③을 ②에 붓는다.

5 ④를 자몽 껍질 안에 부은 후 냉장고에 2시간 두면 맛있는 자몽젤리가 완성된다.

YOGURT
CHEESE

140
kcal

Party
Recipe

두부샤베트

블루베리의 안토시아닌은 우리 몸에 활성산소를 중화시켜요. 약간 어려운 말이긴 한데,
활성산소가 적정선 이상으로 많아지면 우리 몸이 늙어요.
활성산소가 노화의 주범인 것이죠. 그런데 블루베리가 이를 적정선으로 유지시켜
노화를 막아요. 또 눈 피로, 육체적, 정신적 피로 등에 효과가 좋아요.

 BLUEBERRY

Ingredient (2인분)

두부 1/2모, 블루베리 200g, 레몬즙 2큰술, 설탕 2큰술, 생크림 조금

Recipe

1 믹서에 두부, 블루베리, 레몬즙, 설탕을 넣고 잔 거품이 일 때까지 돌린다.
2 금속재질그릇에 넣어 냉동실에 2시간 얼리면 완성이다.

APPLEMINT

MILK

209
kcal

STRAWBERRY

APPLEMINT

찹쌀 두부디저트

두부에는 라이신이 풍부하며, 다른 곡류에 결핍된 필수 아미노산을 고루 함유하고 있어 영양면에서 효율적이고 소화 또한 잘 되는 식품이에요. 고단백 식품이면서도 열량과 포화지방의 함량이 낮고 콜레스테롤이 없어 다이어트에 좋아요. 칼슘, 철분, 인, 칼륨, 비타민B군, 콜린, 비타민E 등 많은 영양소가 들어 있어요.

HERB

Ingredient (1인분)

두부 1/2모, 찹쌀가루 3큰술, 꿀 1큰술, 딸기 4개, 민트 조금

Recipe

1 두부는 가로 세로 2cm 정사각형 모양으로 자른다.

2 두부에 찹쌀가루를 입혀 끓는 물에 약 3분간 삶는다.

3 랩을 씌워서 냉장고에 넣어 식힌다. 두부가 식거든 두부알과 딸기에 꿀을 뿌리고 민트를 올려 디저트를 완성한다.

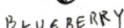

KIWI

BLUEBERRY

LEMON

147
kcal

APPLEMINT

두부무스

초콜릿에는 미용과 건강에 빠질 수 없는 식물섬유가 들어 있어요.
또 초콜릿의 당분은 신경을 부드럽게 해서 피로를 풀어줘요. 두부무스를 만들 때 초보자는
젤라틴 양 조절에 실패할 수 있으니 젤라틴을 충분히 넣어서 사용하세요.

HERB

Ingredient (1인분)

초콜릿 10g, 젤라틴 2개, 두부 1/4모, 우유 2큰술

Recipe

1 중탕으로 녹인 초콜릿에 전자레인지에 10초간 데운 우유를 넣는다.

2 젤라틴을 물에 넣어 30초간 불린다. 나중에 젤라틴만 건져서 사용한다.

3 두부를 랩으로 싸서 약 30초간 데운 뒤 ①에 넣고 으깬다.

4 ③이 뜨거울 때 ②를 넣어 바로 잘 섞는다. 냉장고에 넣으면 완성이다.

MILK

YOGURT

STRAWBERRY

142
kcal

POTATO

Party Recipe

감자경단

감자는 비타민B·C, 칼륨 등 각종 미네랄이 풍부하게 들어 있는 대표적인 알칼리성 식품이에요.
밭의 사과라 불릴 만큼 비타민 C를 많이 함유하고 있어 피로와 피부에 좋아요. 감자를 전자레인지에
익힐 때는 랩에 조그맣게 구멍을 뚫어주세요. 감자를 찜통에 잘 쪄주는 것도 괜찮겠죠?

HERB

ALMOND

Ingredient (2인분)

감자 2개, 미소된장 2작은술, 설탕 1큰술, 호두 10g

Recipe

1 감자는 2cm 정도로 잘라 랩으로 싸 4분 정도 전자레인지에 익힌다.

2 ①을 볼에 담고 미소된장과 설탕, 호두를 넣는다.

3 ②를 잘 섞는다.

4 랩에 ③의 반죽을 넣어 성형한 후 냉장고에 잘 굳힌 뒤 랩을 떼어내면 완성이다.

SWEET POTATO

APPLEMINT

57
kcal

APPLEMINT

민트 사케칵테일

민트는 정신적인 피로, 우울증에 좋고, 화를 가라앉히고 마음을 진정시키는 효과가 있어요.
식품의 풍미를 더해주는데 보통 음료에 첨가해서 먹어요.
민트는 향이 강해서 육류를 조리할 때 넣으면 누린내를 없앨 수 있어요. 감기에도 좋답니다.

LEMON

Ingredient (1인분)

민트 조금, 사케 30ml, 소다 30ml, 시럽 10ml, 레몬 1/2개

Recipe

1 레몬은 작은 크기로 얇게 썰고, 셰이커에 나머지 재료와 함께 넣는다.

2 셰이커를 흔들어 내용물을 잘 섞어주면 완성이다.

HERB

GRAPE

YOGURT

BLUEBERRY

83 kcal

SALT + PEPPER

MACKEREL

참치 연근칩

참치에는 철분, 비타민 성분이 많이 들어 있어요. 그리고 저칼로리 식품이라 다이어트에 좋아요.
핵산이 들어있어 피부 노화에도 좋아요. 연근은 고혈압을 예방한답니다.

LOTUS ROOT

Ingredient (2인분)

생참치 100g, 간장 1큰술, 다시육수 1큰술, 맛술 1작은술, 설탕 1작은술, 연근 30g, 전분가루 1큰술,
식용유 적당량, 새싹 조금

Recipe

1 연근은 얇게 썰어 전분가루 옷을 입힌다.

2 ①을 겉면이 노릇하게 익을 때(약 5분간)까지 튀긴다.

3 생참치는 적당한 크기로 썰어 간장, 맛술, 설탕, 다시육수를 넣어 20분 정도 재운다. 이를 ②에서
튀긴 연근 위에 올리고 새싹을 뿌리면 완성이다.

OLIVE OIL

LOTUS ROOT

APPLEMINT

145
kcal

APPLEMINT

Party Recipe

민트 레몬젤리

레몬은 피부미용에 효과적이라 여성들이 많이 찾는 과일이죠?
레몬의 신맛 성분인 구연산은 체내에 쌓인 노폐물을 제거해 피로해소와 다이어트에 아주 효과가 좋아요.
특히 레몬에는 비타민C가 많아 환절기 감기예방에 매우 좋답니다.

LEMON
HERB

Ingredient (2인분)

레몬 1/3개, 꿀 3큰술, 민트 조금, 젤라틴 1장, 물 250ml

Recipe

1 그릇에 젤라틴과 물을 넣어 중탕으로 잘 녹인다.

2 ①에 얇게 썬 레몬, 민트를 넣고 꿀을 잘 섞는다. 냉장고에 1시간 굳힌 뒤 자르면 완성이다.

SALT + PEPPER

APPLE

APPLEMINT

애플크래커

아침에 먹는 사과를 황금에 비유할 정도로 몸에 좋다죠.
그만큼 아침 사과가 건강에 좋다는 뜻인데, 스키니걸에 걸맞게 칼로리가 낮은 크래커와 함께 곁들여
먹어봐요. 애플민트나 오레가노를 가미하면 향이 더 좋답니다.

Ingredient (1인분)

사과 1/2개, 계피가루 1작은술, 럼주 1큰술, 크래커 4개

Recipe

1 달군 프라이팬에 슬라이스 한 사과와 럼주를 넣고 사과 색깔이 변할 때까지 3분정도 조린다.

2 ①에 시나몬가루를 뿌린다.

3 ②를 크래커에 올리면 완성이다.

MILK

HERB

LEMON

GRAPE

MILK

MILK

요거트칵테일

요거트에는 비타민B₂와 양질의 단백질이 들어 있는데, 이는 거친 피부를 탄력 있고
윤기 있게 가꾸어 줘요. 요거트의 지방은 피부 각질층을 부드럽게 해 각질을 자극 없이 제거할 수
있게 해주죠. 신진대사를 촉진시켜 손상된 피부를 빠르게 회복시켜 준답니다.

YOGURT

Ingredient (1인분)

플레인 요거트 1통, 럼주 20ml, 통조림 체리 5알

Recipe

1 플레인 요거트와 럼주를 믹서에 넣고 섞는다.

2 체리 5알을 ①에 넣는다.

3 ②를 다시 믹서로 갈아주면 완성이다.

STRAWBERRY

LEMON

BLUEBERRY

APPLE

Party Recipe

버터 사과구이

사과는 저칼로리 과일이며, 식이섬유소가 많아 포만감을 느낄 수 있어요.
폴리페놀 성분이 지방의 체내 축적을 억제하여 비만을 막는 효과도 있어요.
또한 사과산, 비타민, 당분이 풍부해 피부를 투명하고 매끄럽게 하며 탄력을 줍니다.

LEMON

Ingredient (2인분)

사과 1/2개, 버터 5g

Recipe

1 사과를 반으로 잘라 씨 있는 부분만 칼로 도려낸다.

2 도려낸 홈 부분에 버터를 넣고 은박지로 잘 덮어, 200℃ 온도의 오븐에 15분간 잘 구우면 완성이다.

MILK

STRAWBERRY

CHEESE

GRAPE

LEMON

배 와인조림

Party Recipe

배는 강한 알카리성 식품으로 혈액을 중성으로 유지시켜 건강에 좋아요.
그리고 저칼로리이기 때문에 다이어트에 좋습니다. 배는 감기 증상에도 효과가 있답니다.
환절기에 배를 먹으면 감기를 예방할 수 있어요.

Ingredient (2인분)

배 1개, 레드와인 200㎖, 설탕 2큰술, 레몬 1/4개, 물 300㎖

STRAWBERRY

Recipe

1 배, 설탕, 레몬, 레드와인을 냄비에 넣는다.
2 ①에 물을 붓고 이를 15분 정도 약한 불로 은은하게 조린다.
3 그릇에 ②를 담아 냉장고에 넣어 식히면 완성이다.

APPLE

MEAT
ONION

돼지보쌈 핑거푸드

돼지고기에는 비타민B 군이 많이 들어 있어요. 단백질과 각종 영양소가
많아 피부를 윤기 있게 해줘요. 그리고 인, 칼륨 등이 풍부하고, 미네랄이 풍부해
영양보충 식품으로 적합하답니다.

Ingredient (4인분)

돼지고기(목살) 200g, 양배추 1장, 양파 1/3개, 무 20g, 머스터드 1큰술, 빨간 고추 1개,
간장 2큰술, 물 1계량컵, 청주 1큰술

CABBAGE

HERB

Recipe

1 냄비에 물, 간장, 빨간 고추, 청주, 양파, 무, 그리고 돼지고기를 넣고 20분간 끓인다.

2 돼지고기와 무를 건져 2cm 정도로 자른다. 양배추는 날 것을 1cm 크기의 정사각형으로 썰어 겹쳐둔다.

3 꼬치에 돼지고기, 양배추, 무를 꽂아 머스터드소스를 살짝 올리면 완성이다.

PEPPER

67
kcal

CHEESE

AIMOND

단호박 호떡

단호박은 요즘 인기몰이를 하고 있는 아이유의 다이어트 식품이에요.
아이유도 한때 통통했던 시절이 있었는데, 단호박으로 꾸준히 다이어트를 해서
10kg 정도를 감량했다고 하네요. 그렇다고 단호박만 먹을 순 없겠죠?
단호박을 다양하게 즐길 수 있는 레시피 알려드릴게요.

MILK

Ingredient (2인분)

단호박 100g, 버터 5g, 설탕 7g, 우유 1작은술,

[겉옷] 박력분 1큰술, 물 2큰술

Recipe

1 단호박은 껍질 제거 후 잘게 썬 다음 랩에 싸서 3분간 전자레인지에 익힌다.

2 ①의 단호박이 뜨거울 때 버터, 우유, 설탕을 넣어 잘 섞는다.

3 물과 박력분을 섞어서 겉옷을 입혀 프라이팬에 살짝 구우면 완성이다.

SALT + PEPPER

225
kcal

스파이시 가지튀김

마요네즈를 만들 때 식용유를 나눠 넣으며 저으면, 빛깔이 점점 하얀 느낌이 나요.
그러면 마요네즈가 적당히 완성됐다고 판단해도 괜찮아요. 생가지를 잘라 피부에 문지르면
빈혈, 주근깨 예방에 매우 좋아요. 가지에는 보랏빛 색소인 안토시아닌이 많아 건강에도 좋아요.

Ingredient (1인분)

가지 1개, 미소된장 1큰술, 대파 조금

[소스] 노른자 1개, 식초 5ml, 식용류 100ml, 고춧가루 2작은술, 소금 · 후춧가루 조금

 EGG PLANT

EGG

Recipe

1 가지는 2cm 정도로 썰어 올리브유를 두른 프라이팬에 1분간 약한 불에 살짝 굽는다.

2 숨이 죽지 않게 구운 뒤 미소된장을 발라 한 번 더 1분간 굽는다.

3 계란 노른자와 식초를 볼에 넣고 잘 저어준다. 식용유를 5번 정도 나눠 넣으며 잘 저어서 마요네즈를 만든다.

4 볼륨이 생긴 마요네즈에 소금, 후춧가루를 간을 한 뒤 고춧가루를 넣어 다시 한 번 저어주면 소스가
만들어진다. ②를 얇게 썰어 접시 위에 넣고 그 위에 ④의 소스를 살짝 뿌리고 대파를 올리면 완성이다.

OLIVE OIL

PEPPER

APPLEMINT

SALT + PEPPER

119
kcal

STRAWBERRY

KIWI

Party
Recipe

키위샌드

키위는 피로해소에 좋아요.
식물성 섬유가 많이 들어있어 피부에 영양을 듬뿍 주기 때문에 피부 관리에도 좋아요.
키위는 저칼로리 과일로 GI수치도 낮아 다이어트에 좋답니다.

BLUEBERRY

GRAPE

Ingredient (2인분)

키위 2개, 설탕 3큰술, 딸기 2개

Recipe

1 얇게 저민 키위를 그릇에 담고, 설탕과 물을 1:2의 비율로 섞어 30분간 재운다.

2 ①을 프라이팬에 약한 불로 살짝 굽는다.

3 ② 위에 생 키위를 0.5cm두께로 올려준 뒤 또 ②의 키위를 얹고 딸기로 장식하면 완성이다.

AlMOND

MILK

Skinny-girl's
Recipe

Part 06

연예인들의
시크릿 레시피

요즘 연예인들의 다이어트가 심심치
않게 화제가 되고 있습니다. 연예인들이
먹는 다이어트 식단
정보가 많은 여성들의
호기심을 자극하지만,
이런 방법은 과장된 면이
없지 않습니다. 과일
다이어트라고 해서 세 끼 모두 과일만
먹는 다고 생각하는 사람도 있던데, 그게
아니라 저칼로리 식단을 구성하되 해당
재료를 조금 더 많이 먹는다는 뜻입니다.
운동과 저지방, 저칼로리, 양질의 음식
섭취를 병행하면서 칼로리를 조절 하는 게
핵심입니다.

스키니컬 최정원의
Secret Story

배우이자 우리 언니인 최정원은 요즘 CF 촬영을 비롯해, 중화권에서 열심히 활동하고 있어요. 중국에서 드라마 <소문난 칠공주>의 인기가 높아 제주홍보대사 역할도 하고 있어요.

언니의 날씬한 몸매 비결은 조금씩이라도 매일 꾸준히 운동을 한다는 것이에요. 빼먹지 않고 매일 운동을 챙기는 걸 보면 우리 언니가 대단해 보여요. 하지만 운동이 날씬한 비결의 전부라면 언니를 이곳에 소개할 이유가 없겠죠? 언니가 즐겨 먹는 시크릿 레시피를 소개할게요.

언니는 녹차라테와 명란젓 요리를 즐겨 먹으면서 몸매 관리를 하는데요. 녹차에 들어있는 비타민C는 하얀 피부를 유지시켜 줘요. 당연히 기미나 주근깨가 생기는 것도 막아주죠. 또 카테킨 성분은 몸에 쌓인 콜레스테롤과 지방을 배출시켜 아름답고 건강한 바디라인을 만들어준답니다.

명란젓에는 비타민A와 토코페롤 등 피부에 좋은 성분이 많이 들어있기 때문에, 카메라 세례를 받는 여배우라면 빼놓지 않고 먹어야 할 음식이지요. 하지만 명란젓을 그냥 먹기엔 많이 짜죠? 그래서 짜지 않고 맛있게 먹을 수 있는 방법을 알려드릴게요. 대부분의 배우가 그렇듯이 크랭크인이 시작되면 밤샘촬영을 밥 먹듯이 해서 피로가 많이 쌓여요. 그래서 피부를 관리하고 피로를 해소할 수 있는 음식을 먹어야 하죠. 우리 언니의 시크릿 레시피를 알려드릴게요.

[녹차]
녹차는 레몬에 비해 5~8배나 많은 비타민 C를 함유하고 있어 미백과 노화방지에 좋아요. 비타민C는 멜라닌 색소침착을 방지하고, 기미나 주근깨의 형성을 억제해 피부를 하얗게 유지시켜줘요. 뿐만 아니라 비타민 A, B가 들어 있어 보습효과가 뛰어나 피부를 윤기 있게 만들어줘요. 카테킨 성분이 콜레스테롤과 지방을 배출시켜 아름다운 바디라인을 만들어줍니다. 그리고 체질의 산성화를 막아줘요. 알카리성 식품인 녹차는 몸에 빠르게 흡수되어 혈액 속에 산성물질을 중화시켜요. 그렇다고 녹차를 너무 많이 마시면 안 되요. 녹차는 이뇨작용을 일으켜 몸의 수분을 몸 밖으로 배출시키니 적당히 마셔야 해요. 안 그럼 몸에 수분이 너무 부족해지거든요.

[꿀]
꿀은 피로 해소에 효과가 좋아요. 벌꿀은 장의 연동운동을 도와 장 기능을 좋게 해요. 벌꿀에 들어있는 철분은 빈혈을 예방하고 치료하는 데 도움을줘요. 벌꿀에 들어있는 각종 비타민(B, C)류와 미네랄(칼륨, 아연, 칼슘) 등도 몸에 빨리 흡수되기 때문에 피부미용에 좋으며, 신진대사를 원활하게 해줘요. 벌꿀의 칼륨 성분은 혈액을 알칼리성으로 유지시켜주고 혈관을 튼튼하게 해준답니다.

[명란젓]
명란젓에는 비타민E인 토코페롤이 많이 들어 있어서 노화를 방지하고 피부를 맑게 해줘요. 비타민A도 많이 들어 있어 시력보호는 물론 피부건강에도 좋은 효과가 있어요. 지방함량이 3.2%이며 EPA, DHA가 많아 영양이 풍부한 식품이에요. 하지만 젓갈류 반찬이라 소금기가 많기 때문에 짜게 많이 먹는 것은 금물이에요.

[가다랭이포]
가다랭이포는 주로 육수의 맛을 내기 위해 사용해요. 등푸른 생선인 가다랭이를 말려 가공한 재료로 단백질은 높지만, 지방함량, 칼로리가 낮아 다이어트에 좋아요. 비타민 및 무기질 등 각종 영양이 많이 들어 있어요. 특히 간을 보호해주는 아미노산이 많고 불포화지방산이 들어있어 콜레스테롤 수치를 낮춰 성인병을 예방하는 효과가 있어요.

오차즈케

Ingredient (4인분)

다시육수 500ml, 밥 400g, 말린차잎 60g, 명란젓 4알,
가다랭이포 1줌, 쪽파 1줄기

Recipe

1 끓는 물(500ml)에 다시마(4cm), 가다랭이포를 넣은 다시육수를
   준비한다.
2 명란젓은 흐르는 물에 씻어주고 칼로 알을 갈라 속을 발라둔다.
3 쪽파를 먹기 좋게 썬다. 그릇에 밥을 넣고 찻잎, 명란젓, 쪽파
   다진 것을 얹고 다시육수를 넣어주면 완성이다.

HERB

BOK CHOY

RICE

162 kcal

Celebrity Recipe

녹차라테

Ingredient (1인분)

우유 200ml, 녹차가루 1큰술, 꿀 1작은술

Recipe

1 우유를 냄비에 담아 저으면서 끓인다.
2 거품이 일기 시작하면 녹차 가루를 넣고 엉기지 않게 잘
  저어 풀어준다.

MILK

MILK

스키니걸 고은아의
Secret Story

고은아는 '얼굴 몸매가 완벽한 베이글녀는 누구?'라는 앙케트 조사(인터넷 포털 사이트 실시)에서 44.7%라는 압도적인 지지로 1위를 차지했습니다. 그녀는 제2의 김혜수로 불리며 매력적인 아름다움을 뽐내고 있는데요. '제 2의 누구'가 아니라 고은아만의 매력으로 많은 사람들에게 어필할 수 있는 배우가 될 것이라 믿어요. 그녀가 아름다운 몸매를 가질 수 있었던 것은 바로 운동인데요. 평소에 산책이나 등산, 걷기, 배드민턴 등의 운동을 즐기고, 요즘 야구 인기가 많아지면서 캐치볼 같은 활동까지 한다고 해요. 이러다 프로야구 경기에서 선수처럼 멋진 시구를 던지는 그녀의 모습을 보게 되는 건 아닐까 싶네요. 그렇다면 고은아의 시크릿 레시피는 무엇일까요? 바로 아몬드와 블루베리입니다. 고은아는 운동하거나 공복감이 들 때, 아몬드를 조금씩 포장해서 다니며 먹는다고 해요. 아몬드는 배고플 때 10알 정도만 먹어도 금방 허기를 피할 수 있어요. 갑자기 음식이 당길 때 아몬드는 아주 스마트한 선택이에요. 또 몸에서 지방흡수를 막아 여러 가지로 좋은 효과가 있어요. 갑자기 뭐가 먹고 싶어 피로울 때면 아몬드를 10알씩 포장해서 갖고 다니길 추천해요. 또 피부에 좋고, 피로 해소에도 좋은 블루베리를 육류와 곁들여 먹으면 상큼한 맛을 즐길 수 있어요. 아몬드와 블루베리를 활용한 고은아의 시크릿 레시피는 과연 어떤 걸까요?

[아몬드]
아몬드에는 몸에 필요한 단백질, 칼슘, 섬유질, 비타민E 등의 필수 영양소가 고루 들어 있어요. 비타민E는 토코페롤이라 불리는데, 항산화기능이 뛰어나 노화방지에 매우 좋아요. 아몬드가 특히 좋은 이유는 단백질과 함께 식이섬유를 섭취할 수 있는 유일한 천연식품이기 때문이에요. 게다가 아몬드의 불포화 지방산은 건강에 좋지 않은 콜레스테롤 수치를 낮춰 준답니다.

[블루베리]
블루베리에 들어있는 비타민과 미네랄은 피부를 탄력 있고 깨끗하게 만들어줘요. 또 블루베리는 항산화 효과가 큰 것으로 유명한데, 블루베리의 보라색 성분인 안토시아닌은 몸을 늙게 만드는 활성산소를 중화시키는 데 아주 탁월해요. 그리고 블루베리가 복부 지방을 감소시켜 다이어트에 도움을 준다고 해요. 시력 관리에도 좋다고 하니 자주 먹는 게 좋겠죠?

[돼지고기]
돼지고기에는 양질의 단백질과 각종 영양소가 풍부하게 들어 있어요. 적당한 수준으로 먹으면 깨끗한 피부와 날씬한 몸매를 유지하는 데 도움이 돼요. 돼지고기는 필수아미노산이 풍부한 단백질이고 비타민 B1, 니아신, 비타민 B12, 철, 아연 등이 들어 있어요. 비타민 B1은 소고기보다 10배 이상 들어 있어 피로에 좋아요. 또 리놀레산이 많이 들어있어 성인병 예방에 좋아요. 그리고 몸속의 노폐물을 몸 밖으로 배출시키는 작용도 해요. 모든 음식이 그렇듯이 적절히 먹으면 다 약이 된답니다.

[마늘]
마늘은 자연이 선물한 피로해소제라고 불릴 정도로 피로에 좋아요. 아주 옛날 고대 이집트 때부터 마늘을 피로 해소에 사용했다는 기록이 있을 정도예요. 마늘에 들어있는 칼륨 성분은 고혈압과 저혈압 예방에 도움을 주고, 혈관내의 노폐물을 없애줘 각종 성인병예방에 좋답니다.

아몬드캐러멜

347
kcal

Ingredient (4인분)

설탕 100g, 아몬드 슬라이스 100g, 꿀 20ml, 버터 100g

Recipe

1 냄비에 설탕 절반(50g)을 넣고 약한 불로 가열한다.

2 설탕이 녹기 시작하면 아몬드와 버터를 넣어 볶는다.

3 잘 섞이면 나머지 설탕과 꿀을 넣고 ②를 다시 버무린다.

4 오븐에 지름 10cm크기로 동전모양으로 얇게 놓는다. 상온에
  두면 딱딱하게 굳는다.

CHEESE

HIMOND

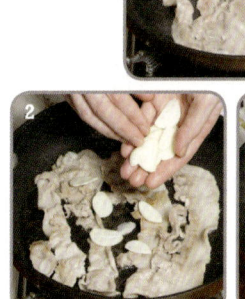

194
kcal

Celebrity Recipe

블루베리 포크스테이크

Ingredient (2인분)

돼지고기(목살) 150g, 마늘 2쪽, 채 썬 대파 3cm
[소스] 블루베리 50g, 레드와인 4큰술, 설탕 1큰술

Recipe

1 돼지고기를 프라이팬에 굽는다.

2 기름이 나오기 시작하면 얇게 썬 마늘을 넣어 함께 굽는다.

3 고기가 익으면 옆에 건져 놓고, 기름을 그대로 둔 상태로
블루베리, 레드와인, 설탕을 넣고 2~3분간 조린다. 이것을 고기
위에 뿌리고 대파를 얹으면 완성이다.

GARLIC

MEAT

GRAPE

BLUEBER

스키니걸 강예원의
Secret Story

강예원은 자신이 출연한 영화에서 볼륨 있는 몸매를 뽐냈는데요. 영화 〈헬로우 고스트〉를 촬영 할 때는 보통과 달리, 가슴과 몸매의 볼륨감이 너무 좋아서 감독을 고민하게 만들었다고 해요. 라인이 도드라져서 반대로 몸매를 밋밋하게 CG처리 할까 고민했다고 하죠. 보통 볼륨 있게 보이기 위해 컴퓨터의 도움을 받는데 대단하죠? 결국 CG처리는 안 했지만, 강예원은 자신이 참여했던 모든 영화들이 히트했고, 화제가 되는 작품에 연이어 캐스팅되는 행운의 주인공이에요. 〈해운대〉, 〈하모니〉 등 화제작에 출연하며 변화무쌍한 캐릭터를 소화하고 있는 강예원의 행보가 기대됩니다. 팔다리는 가늘면서 볼륨까지 좋은 강예원은 많은 여성들에게 선망의 대상이 되고 있어요. 그렇다면 그녀의 비결은 무엇일까요? 그녀는 요일별로 두 시간씩 필라테스와 수영, 힙합댄스 등의 다양한 운동을 한다고 해요. 운동이 끝나고 고단백 저칼로리 음식을 즐기죠. 운동을 하고 적당량의 저칼로리 단백질을 섭취하면 몸의 근육을 관리할 수 있어요. 그러면 기초 대사량도 늘어나고 체지방도 줄일 수 있죠. 라인이 아름다운 강예원의 시크릿 레시피를 알아볼까요?

[고등어]
고등어는 단백질, 인, 나트륨, 칼륨, 비타민 A, B, D 등의 영양소가 풍부해요. 생선에만 들어있는 EPA와 DHA가 많이 있어 다이어트와 피부에 좋아요. 또 핵산이 많아 피부를 젊게 유지할 수 있어요. 고등어의 단백질은 기름성분이 많은 육류보다 칼로리가 낮기 때문에 몸매 관리에도 좋아요. 그리고 비타민, 미네랄, 아미노산류, 핵산이 풍부하기 때문에 피부를 매끄럽고 윤기 있게 해준답니다.

[표고버섯]
표고버섯에는 칼슘과 인이 많이 들어 있어요. 혈액을 운반하는 헤모글로빈을 구성하는 철분도 많이 들어있어 빈혈에도 효과가 있죠. 버섯에선 목이버섯 다음으로 식이섬유가 많아 변비 예방에도 좋고, 소장의 기능을 정상화시켜주죠. 여성의 냉증과 변비, 미용에 좋아요.

[블루베리]
미국 타임지에서 10대 슈퍼 푸드로 선정될 정도로 몸에 좋은 음식이에요. 안토시아닌이 많이 들어있어 노화를 일으키는 활성산소를 없애 젊음을 유지시켜주죠. 블루베리는 식이섬유가 많이 들어 있으면서, 칼로리와 지방은 적어요. 다이어트에 매우 적합한 음식이죠. 그래서인지 최근 여러 연예인들이 다이어트에 블루베리를 활용하고 있습니다.

[올리브유]
올리브유는 비만 예방 및 다이어트에 좋아요. 그리고 올리브유에 들어있는 비타민E와 프로비타민은 피부노화를 막고, 노폐물과 독소를 배출해 피부를 매끄럽게 유지시켜 주죠. 살균 정화능력을 가지고 있어 피부 트러블 진정에 좋아요. 또 불포화지방산과 항산화 성분인 비타민E, 토코페롤, 폴리페놀 등이 많이 들어 있어 노화방지에 탁월하고 콜레스테롤을 억제해 성인병 예방에 좋아요.

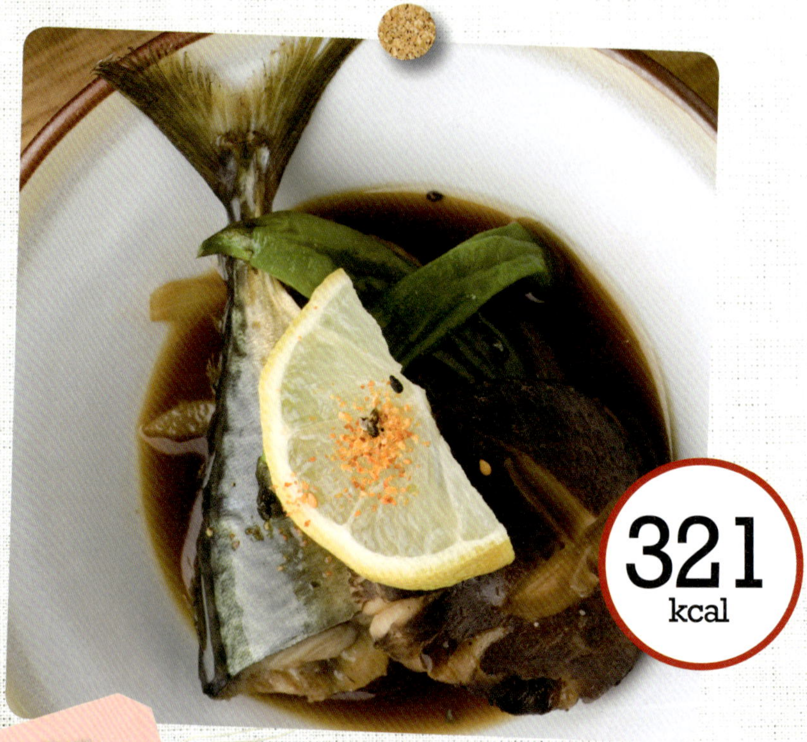

321
kcal

Celebrity Recipe

레몬 고등어조림

LEMON

Ingredient (1인분)

고등어 100g, 표고버섯 1개, 레몬 1/3개, 꽈리고추 3개, 물 1/2컵, 양파 1/3개

[소스] 간장 3큰술, 마늘 1작은술, 맛술 3큰술, 설탕 1큰술

Recipe

1 양파와 레몬을 슬라이스로 얇게 썬다.

2 냄비에 ①과 고등어, 표고버섯, 꽈리고추를 넣는다.

3 ②에 소스를 부어준 뒤 물을 붓는다.

4 센 불로 ③을 끓이다가 펄펄 끓기 시작하면, 바로 약한 불로 10분간 조린다.

1
2
3
4

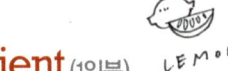

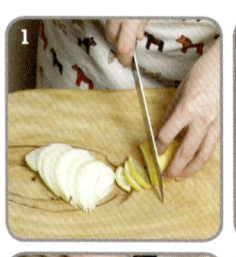

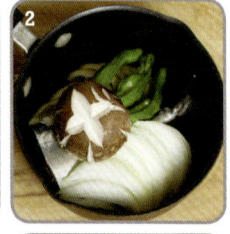

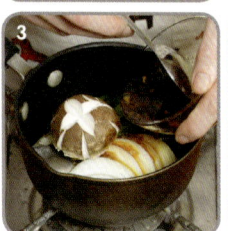

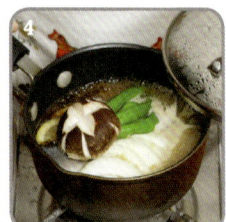

PEPPER
MacKEREL
ONION

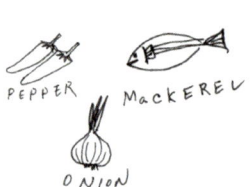

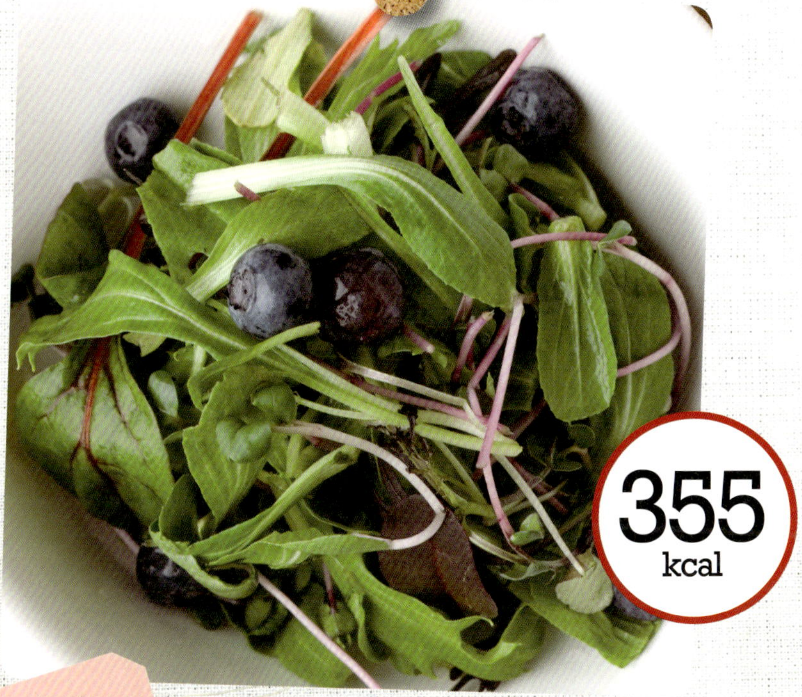
355
kcal

Celebrity Recipe

블루베리샐러드

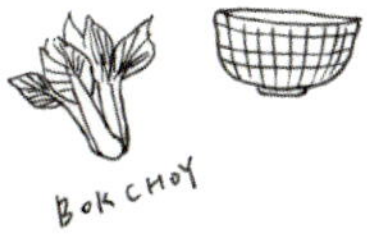
BOK CHOY

Ingredient (1인분)

샐러드용 야채 30g,

[드레싱] 블루베리 70g, 올리브유 2큰술, 설탕 1큰술, 식초 1큰술,

소금 · 후춧가루 조금

1

2

Recipe

1 블루베리, 올리브유, 식초, 설탕, 소금, 후춧가루를 넣고 믹서로 간다.

2 야채를 씻어서 그 위에 ①을 뿌리면 완성이다.

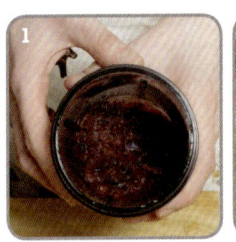

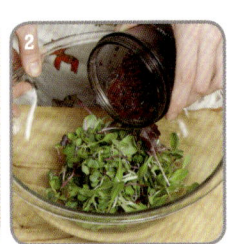

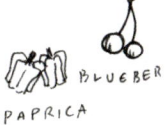

BLUEBER
PAPRICA

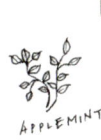

APPLEMINT

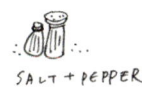

SALT + PEPPER

스키니걸 서영희의
Secret Story

연기파 배우로 유명한 서영희는 봉사활동에도 열심히 참여하는 배우로 유명하죠. 2010년에
대한민국나눔대상 시상식에서 대회장상을 수상할 정도로 그녀는 봉사에 열성적이에요.
외모만큼이나 아름다운 마음을 지닌 여배우죠? 아마 2010년은 그녀에게 잊을 수 없는 한해가
아닐까 싶어요. 서영희는 지난해 영화 〈김복남 살인 사건의 전말〉로 여우주연상 6관왕을 휩쓸며
최고의 한해를 보냈기 때문인데요. 부천판타스틱 영화제, 판타스틱페스트, 영평상, 대한민국
영화대상, 디렉터스 컷 어워즈, 올해의 영화상 등 여우주연상을 휩쓸었다 해도 과언이 아니에요.
2011년 역시 그녀에겐 매우 특별한 한 해가 될 것 같아요. 올해 결혼을 앞두고 있기 때문이지요.
5월의 신부가 되기 위해 그녀가 먹는 시크릿 레시피는 과연 무엇일까요? 그녀는 계란과 연근 요리를
즐겨 먹는다고 해요. 계란은 저칼로리 고단백 식품인데, 여기에 식이섬유와 단백질을 동시에 먹을 수
있는 아몬드를 넣어 팬케이크를 만들면 아주 훌륭한 음식이 된답니다. 섬유소와 기타 영양분이 많이
있는 연근도 다이어트에 매우 좋은 식품이에요. 5월의 신부 서영희의 시크릿 레시피를 공개합니다.

[김]
김에는 비타민이 정말 많이 들어 있답니다. 김의 비타민A는
노화를 방지해요. 비타민C는 사과보다 10배 이상 많이
들어있어, 기미·주근깨 방지에 좋아요. 그리고 비타민B12와
비타민E도 풍부하게 들어 있는데, 이는 신진대사에 도움을
주는 중요한 성분이에요. 또 간의 해독작용을 돕는 타우린
성분이 많아 피로해소에 좋답니다. 이렇듯 다양한 영양소를
함유하고 있으면서도 열량이 거의 없어 다이어트에 좋아요.

[우유]
우유의 단백질 중 70% 이상을 차지하고 있는 카제인은 몸에
영양소 흡수를 도와줘 보다 많은 양의 영양분을 흡수 할 수
있어요. 당단백질인 락토페린 성분은 면역력을 키워 주죠.
카제인과 락토알부민이라는 단백질 성분이 피부 콜라겐
형성을 돕고, 젖당이 유산균의 증식을 촉진시켜 독성물질
배설을 도와 피부를 건강하게 해요.

[계란]
계란에는 단백질과 아미노산이 많이 들어 있고, 높은 영양에
비해 칼로리는 낮으며 소화흡수가 잘되요. 비타민C를
제외한 13종의 비타민, 단백질, 탄수화물, 지방, 무기질 등이
골고루 들어있는 완전식품이에요. 또한 비타민E가 많이
들어있어 항산화, 노화방지에 좋아요. 가끔 계란을 먹을 때,
콜레스테롤이 많이 들어있어 노른자는 빼고 먹는 사람들이
있는데, 하루에 1개 정도는 걱정하지 않고 먹어도 괜찮아요.

[연근]
무기질이 풍부한 연근은 비타민C, 리놀레산, 식이섬유 등을
함유하고 있어 뼈의 생성을 촉진시키고 피부건강에 좋고
칼로리가 낮아 부담이 없어요. 또 섬유질이 풍부해 소화기능
개선에 좋고, 콜레스테롤 저하, 고혈압 예방, 독성물질에 대한
중화작용 등의 효능을 가지고 있어요.

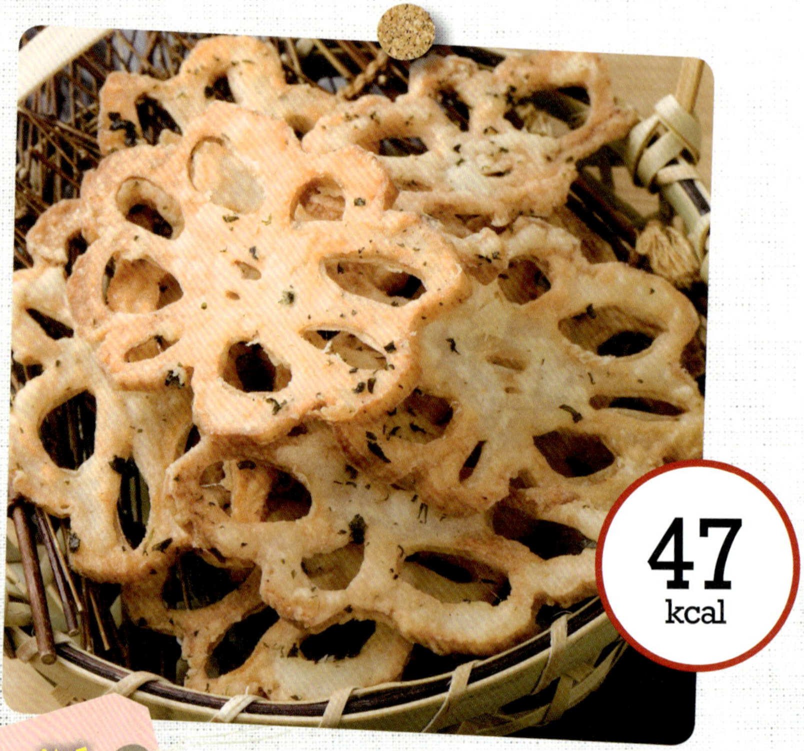

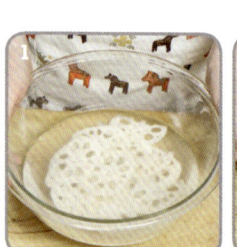

47 kcal

Celebrity Recipe

김 연근튀김

Ingredient (2인분)

연근 5cm, 김가루 2큰술, 밀가루 4큰술, 식용유 적당량

Recipe

1 연근은 슬라이스해서 물에 5분 정도 담근 후 건져 놓는다.

2 김가루와 밀가루를 잘 섞어 연근에 옷을 입힌다.

3 식용유에 ②를 노릇하게 튀겨내면 완성이다.

1

2

3

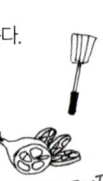

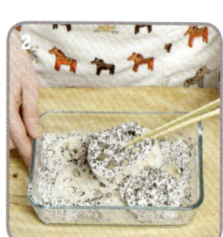

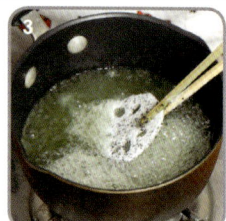

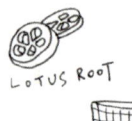

LOTUS ROOT

LOTUS ROOT

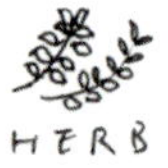

HERB

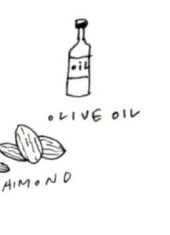

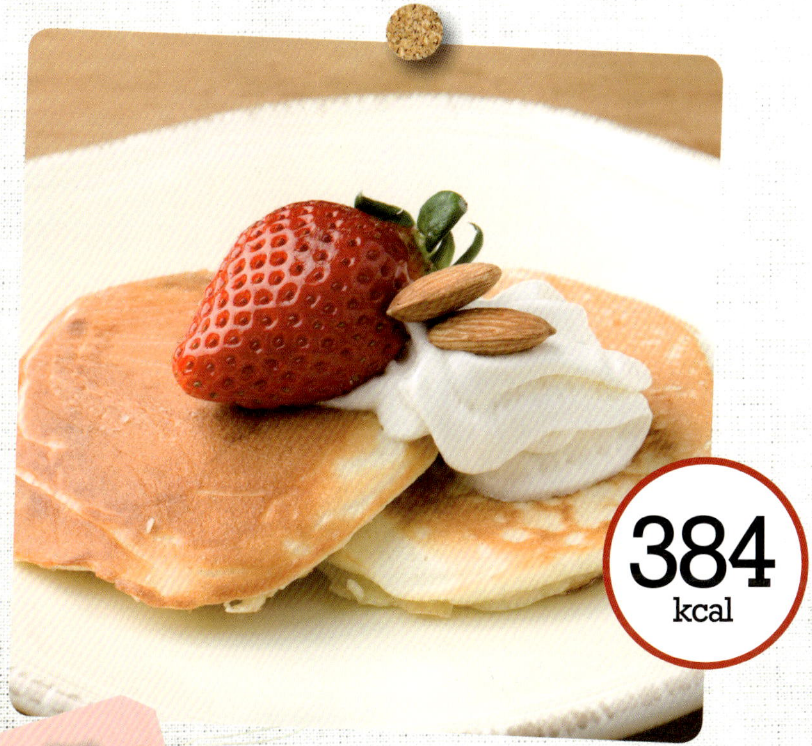
384
kcal

Celebrity Recipe

아몬드 팬케이크

Ingredient (2인분)

계란 2개, 올리브유 1큰술, 우유 3/4컵, 설탕 10g, 소금 조금, 밀가루 100g, 슬라이스 아몬드 30g, 계절 과일

OLIVE OIL

AlMOND

Recipe

1 볼에 계란, 설탕, 소금, 우유를 넣고 잘 섞는다.

2 ①에 밀가루와 슬라이스 아몬드를 넣고 잘 섞는다.

3 프라이팬에 올리브유를 두르고 적당한 크기로 올려 약한 불로 구워주면 완성이다.

EGG
STRAWBERRY

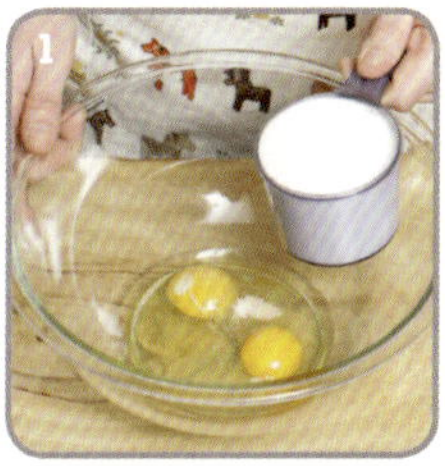
1

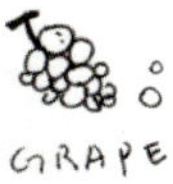
GRAPE

2

3

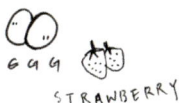

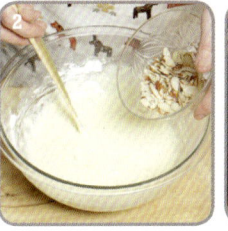

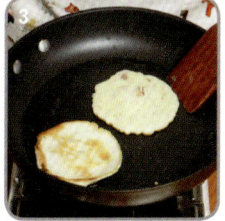

스키니걸 유주희의
Secret Story

드라마 〈자이언트〉에 출연한 유주희의 매력은 청순한 미소가 아닐까 싶어요. 그녀가 웃는 모습은 같은 여자도 매료시킬 정도로 아름다워요. 맑고 깨끗한 피부를 유지하기 위해 그녀가 먹는 것은 바로 흰살 생선과 레몬이에요. 흰살 생선은 칼로리가 낮고 단백질 함량이 높아 다이어트에 매우 좋답니다. 새콤달콤한 레몬은 피부를 깨끗하게 만들어주는 효과가 있어요. 거기에 체중감량 효과까지 있어 피부와 체중조절, 이 두 마리 토끼를 잡고 싶은 여성에겐 필수 음식이에요. 유주희의 시크릿 레시피, 지금부터 한 번 살펴 볼까요?

[흰살 생선]
흰살 생선은 지방함량이 5% 내외이고 단백질이 많아 다이어트에 좋아요. 그리고 비타민류가 많이 들어있어 건강식품으로서 손색이 없어요. 도미, 대구 같은 흰살 생선에도 아미노산의 일종인 타우린이 많이 들어 있어요. 타우린의 성분이 간장의 디톡스 작용을 도와 장과 피부를 깨끗하게 해요. 타우린은 고혈압, 부정맥, 심장병, 당뇨병 등에 효과가 좋아요.

[아스파라거스]
아스파라거스에는 단백질과 각종 비타민, 칼슘, 칼륨 등의 무기질이 풍부해요. 콩나물 뿌리에 들어있는 아스파라긴산보다 10배 이상 많이 들어있어 신체 에너지대사를 활발하게 해주죠. 그래서 피로 해소가 촉진되고 몸에 활력이 생겨요. 또한 비타민 P의 일종인 루틴 성분이 다량 함유되어 있어 혈압을 내리는 효과가 뛰어나 고혈압 예방에 좋아요. 또 아스파라거스에 들어있는 카로틴은 면역력을 길러 주어 각종 질병으로부터 몸을 보호해 준답니다.

[레몬]
레몬은 구연산과 비타민C가 많이 들어있어 피로회복에 좋아요. 비타민도 또한 풍부해서 피부미용에 탁월한 효능이 있어요. 레몬의 비타민은 중성지방이나 콜레스테롤을 낮춰 체중감량은 물론 피부에도 좋아요. 신맛을 내는 성분이 우리 몸의 혈관에 작용하여 노폐물을 배출시키고 혈관을 튼튼하게 해요. 또한 신진대사를 원활하게 하고 피부와 점막을 건강하게 하여 겨울철 감기예방에도 좋아요.

[굴]
굴은 바다에서 나는 우유라고 불릴 만큼 칼슘과 철분이 많이 들어 있어요. 굴에는 타우린이 풍부하게 들어있어 콜레스테롤을 낮춰주고 혈압을 조절해 주죠. 굴에 멜라민 색소를 분해하는 성분이 함유되어 있어 피부미용에 좋은데, 미의 여왕 클레오파트라도 굴을 자주 먹었다고 하네요. 또한 굴의 단백질은 신진대사도 매우 활발하게 해줘요. 또한 굴은 단백질이 대부분이고 지방이 낮아 다이어트에 좋아요.

312 kcal

Celebrity Recipe

연근 미니그라탕

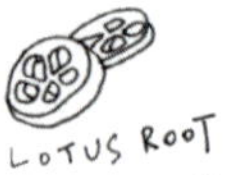

Ingredient (1인분)

연근 4cm, 노른자 1개분, 흰살 생선 15g, 파마산치즈 2큰술,
파슬리가루 약간, 소금 · 후춧가루 조금

[화이트소스] 박력분 1큰술, 우유 100ml, 생크림 20ml

Recipe

1 냄비에 화이트소스와 소금, 후춧가루, 노른자를 넣고 끓인다.

2 오븐기에 슬라이스 한 연근과 흰 살 생선을 넣고 ①을 붓는다.

3 ② 위에 파마산치즈를 뿌리고 180℃ 정도의 오븐에 10분간 굽고,
  파슬리가루를 뿌리면 완성이다.

LOTUS ROOT

EGG

MILK

MILK

SALT + PEPPER

41
kcal

Celebrity Recipe

레몬스프

Ingredient (1인분)

굴 5알, 화이트와인 15㎖, 야채스톡 1개, 레몬 반쪽, 후춧가루 조금,
아스파라거스 1줄기

Recipe

1 끓는 물에 굴을 넣고 거품을 제거한다.

2 굴만 꺼내서 따로 보관한다.

3 ②에 화이트와인, 후춧가루, 야채스톡을 넣고 끓인다.

4 ③을 2분 정도 끓여준 뒤 1cm 정도 크기로 썬 아스파라거스,
데친 굴, 슬라이스한 레몬을 넣으면 완성이다.

LEMON

BOK CHOY

SALT + PEPPER

HERB

Skinny girl's

스키니걸의

가벼운
요리

Secret Recipe

펴낸날 1판 1쇄 2011년 4월 27일

지은이 최정민 | **펴낸이** 고영수

펴낸곳 청림Life | **출판등록** 제2010-000315호
주소 135-816 서울시 강남구 도산대로 남25길 11번지(논현동 63)
　　　413-756 경기도 파주시 교하읍 문발리 파주출판도시 518-6번지 청림아트스페이스
전화 02)546-4341 | **팩스** 02)546-8053
홈페이지 www.chungrim.com | **이메일** life@chungrim.com

편집이사 조병철 | **편집장** 김영희 | **기획편집** 장선희 이기표 김재욱 | **디자인** 문예진
홍보 탁윤아 박정효 | **경영기획** 고병욱 | **제작** 김기창
총무 문준기 박미영 노재경 | **관리** 주동은 조재언 김유기

ⓒ 최정민, 2011
사진 ⓒ 청림출판(주)

여배우 사진 제공 웰메이드스타엠

ISBN 978-89-965348-5-3 13590

* 책값은 뒤표지에 있습니다. 잘못된 책은 바꾸어 드립니다.
* **청림Life**는 청림출판(주)의 논픽션·실용도서 전문 브랜드입니다.